2015全国地市级环保局长专题培训优秀论文集

环境保护部宣传教育中心 编

中国环境出版社·北京

图书在版编目（CIP）数据

2015 全国地市级环保局长专题培训优秀论文集/
环境保护部宣传教育中心编. —北京：中国环境出版社，
2015.4

ISBN 978-7-5111-2346-6

Ⅰ．①2… Ⅱ．①环… Ⅲ．①环境保护—中国—文集
Ⅳ．①X-12

中国版本图书馆 CIP 数据核字（2015）第 069765 号

出 版 人	王新程
责任编辑	赵惠芬　韩　睿
责任校对	尹　芳
封面设计	金　喆

出版发行	中国环境出版社
	（100062　北京市东城区广渠门内大街 16 号）
	网　　址：http://www.cesp.com.cn
	电子邮箱：bjgl@cesp.com.cn
	联系电话：010-67112765（编辑管理部）
	发行热线：010-67125803，010-67113405（传真）
印　　刷	北京市联华印刷厂
经　　销	各地新华书店
版　　次	2015 年 4 月第 1 版
印　　次	2015 年 4 月第 1 次印刷
开　　本	787×1092　1/16
印　　张	13.75
字　　数	322 千字
定　　价	50.00 元

前　言

　　党的十八大报告已经把生态文明建设纳入"五位一体"的中国特色社会主义事业总体布局中，党的十八届三中全会要求紧紧围绕建设美丽中国深化生态文明体制改革，加快建立生态文明制度，健全国土空间开发、资源节约利用、生态环境保护的体制机制，推动形成人与自然和谐发展现代化建设新格局。

　　2014年，全国环保系统坚决贯彻党中央、国务院决策部署，改革创新、扎实工作，较好完成了各项任务。生态环境领域改革取得积极进展，大气、水、土壤污染防治迈出新步伐，主要污染物总量减排年度任务顺利完成，生态环境保护稳步推进，环境法制建设、执法监管和环境风险管理更加有力，环境保护优化发展的综合作用继续显现。

　　当前，我国经济社会发展进入新常态，生态文明建设和环境保护领域也进入新常态。全国环保系统要科学认识、主动适应、积极应对生态文明建设和环境保护的新常态，打好攻坚战，推动环保工作再上新台阶。

　　为深入贯彻落实党的十八届三中全会和2014年全国环境保护工作会议精神，进一步提高地市级环保部门领导干部的环境管理业务素质和综合决策能力，研究重点工作，破解工作难题，受环境保护部行政体制与人事司委托，环境保护部宣传教育中心于2014年承办了四期全国地市级环保局长专题培训班，在加强环保干部队伍建设、提高环保干部的综合业务素质方面发挥了重要作用。

　　地市级环保局长不仅是解决本地区环境问题的实际操作者，同时也是国家落实环境保护方针和环境政策的具体执行者。因此，提高地市级环保局长的环境管理与环境监管执法水平，加强其参与综合决策和履行岗位职责的能力尤为重要。全国地市级环保局长专题培训班分别以"水污染防治"、"大气污染防治"、"总量减排"、"生态环境保护"为题，围绕社会和群众关心的环境问题，邀请国内外专家学者开展丰富多彩的课堂教学，组织局长们结合本地区工作实际开展深入交流与研讨，提供了知识学习提高的机会和交流工作经验的平台。

　　在培训中，局长们在学习环保专题课程、国家环境保护最新政策动态和国外相关环境问题案例的基础上，充分交流、深入研讨，并结合本地环保工作的实际，深入思考和总结，总结基层工作中好的经验和做法，深刻剖析遇到的突出问题和困难，建设性地提出解决办法，并提炼汇总，撰写成论文，为全面深化生态环境保护领域改革、积极探索环境保护新路、改革生态环境保护管理体制，着力解决影响科学发展和损害群众健康突出环境问题，努力改善生态环境质量而建言献策。

为了将基层环保工作与中央环保政策紧密结合，也为了更好地总结培训成果，宣传分享参训学员的学习收获，自 2008 年开始，环境保护部宣传教育中心每年组织专家在当年学员们提交的论文中精选优秀论文，汇编出版一册《全国地市级环保局长专题培训优秀论文集》。本册论文集是该系列优秀论文集的第七册，精选论文 39 篇，根据培训专题分为四大主题，即"水污染防治"、"大气污染防治"、"总量减排"和"生态环境保护"。2015 年是"十二五"的收官之年，本册论文集既是对"十二五"期间中国环保新路探索与实践的总结和归纳，也是对"十三五"规划的期待与展望。希望本册论文集的出版能够为更好地完成"十二五"环保任务提供基层案例和实践探索，能够为基层环境管理者和决策者提供参考，能够为积极探索环境保护新路，大力推进生态文明建设，建设美丽中国作出贡献！

本册论文集的评选和汇编得到了参加 2014 年全国地市级环保局长专题培训班学员们的大力支持和协助，在此表示衷心感谢！

环境保护部宣传教育中心

2015 年 2 月 10 日

目 录

一、水环境篇

牡丹江流域污染现状分析及防治对策 .... 刘仁军 3

太滆运河水环境治理研究 .... 李允建 9

勇于担当 合力治污 切实提高环境监察工作组织水平 .... 季红星 15

浅谈岳阳市南湖水环境综合治理 .... 万四良 20

流域水环境整治探索——韩江流域水环境保护和整治调研 .... 刘民伟 24

东莞市水环境污染治理实践与探索 .... 方灿芬 30

安康市汉江水污染防治现状及对策 .... 陈彪 36

渭河流域陕西段水污染现状与应对措施 .... 薛增召 41

郑州市贾鲁河水污染现状分析及治理对策 .... 郑淑敏 47

二、大气环境篇

坚持标本兼治 注重疏堵结合 全力推进秸秆综合利用与禁烧工作 .... 韩尚富 55

多措并举 加强机动车尾气污染防治
——扬州市机动车尾气污染防治现状与对策 .... 姚江潮 60

合肥市大气污染防治工作现状、问题及对策 .... 王斌 65

认真落实大气污染防治行动 推动大气环境质量持续改善 .... 秦立华 70

东营市大气污染原因分析及防治对策研究 .... 燕景广 75

向大气污染宣战 .... 吴琼 79

向雾霾宣战，既是态度，更需行动 .... 沈向荣 84

浅谈三亚市大气污染防治 .... 李建军 89

重庆市城市大气污染防治经验及思考 .... 吴忠 94

区域联防 因地治霾
——成渝地区分区一体化防治大气污染的建议 .... 刘志勇 100

三、总量控制篇

以污染减排为抓手，促进区域生态文明建设 .... 战军 107

污染减排工作在基层推进中的几点思考 .... 王建源 112

以环保三年行动计划为抓手持续推进污染减排工作
　　——闵行区污染减排工作的一点探索和思考 .... 韩晓菲 118
强化"智慧环保"建设，提升污染物减排水平
　　——信息化建设在污染物减排中的应用与思考 .... 何伟仕 123
以总量预算管理推动污染减排 .... 王国龙 128
完善节能减排监督考核体系的对策研究——以黄石市为例 .... 胡振宇 133
基层总量减排工作面临的困难和建议 .... 夏 涛 138
浅谈机动车污染现状及减排 .... 付资平 143
西部民族贫困地区主要污染物减排工作的思考 .... 王建华 147

四、生态环境篇

健全环境管理体制是改善生态环境的基础和动力 .... 关 伟 153
锦州生态市创建情况分析及建议 .... 张朝莹 160
浅谈台州市以环保公安联动执法工作推进生态环保工作情况 .... 王健文 166
漳州市建设生态文明先行示范区的实践和探索 .... 于晓岩 171
南昌市环保局生态文明体制改革的思考和探索 .... 邹国星 178
当前农村环境执法面临的困境及对策 .... 何爱群 183
浅议中南地区农村主要环境问题及对策建议 .... 唐俊武 187
广东省肇庆市畜禽养殖污染现状及防治对策 .... 纪其国 192
浅谈构建河池市生态文明建设的制度体系 .... 黄岸锋 197
加强农村环境保护　促进生态文明建设 .... 张炳淳 202
兵团连队生态环境污染问题研究 .... 汪 祥 206

一、水环境篇

牡丹江流域污染现状分析及防治对策

黑龙江省牡丹江市环境保护局　刘仁军

摘　要：本文首先分析了牡丹江流域水环境质量状况，阐述了牡丹江出、入境水质状况，牡丹江干流水质状况和镜泊湖、莲花湖水质状况。其次分析了牡丹江流域水污染的原因。最后针对原因，提出了牡丹江流域治理的意见和建议。

关键词：牡丹江流域　污染现状　原因　防治对策

一、牡丹江流域水环境质量状况

地表水环境质量分为五类水质，Ⅰ、Ⅱ类水质为优，Ⅲ类为良好，Ⅳ类为轻度污染，Ⅴ类为中度污染，通常把超过Ⅴ类的水质称为劣Ⅴ类水质，属重度污染。

牡丹江流域按国家有关规定共设置 12 个监测断面，2011—1013 年水质状况见下表：

2011—2013 年水质状况表

断面、湖库、支流名称	断面类型	2011 年水质类别（断面达标率/%）	2011 年超标因子	2012 年水质类别（断面达标率/%）	2012 年超标因子	2013 年水质类别（断面达标率/%）	2013 年超标因子	区划标准
大山咀子	吉林入境水质	Ⅲ（87.5）	—	Ⅳ（37.5）	高锰酸盐指数、化学需氧量	Ⅲ（37.5）	—	Ⅲ
镜泊湖	湖库	Ⅳ（0）	高锰酸盐指数、总磷、总氮	Ⅳ（0）	高锰酸盐指数、总磷、总氮	Ⅳ（0）	高锰酸盐指数、总磷、总氮	Ⅱ
果树场	出湖水质	Ⅲ（100）		Ⅲ（100）		Ⅲ（62.5）		Ⅲ
海浪	牡丹江市区上游断面	Ⅲ（75）		Ⅲ（87.5）		Ⅲ（75）		Ⅲ
江滨大桥	牡丹江市区上游断面	Ⅲ（75）	—	Ⅲ（62.5）		Ⅲ（50）		Ⅲ

断面、湖库、支流名称	断面类型	2011 年水质类别（断面达标率/%）	2011 年超标因子	2012 年水质类别（断面达标率/%）	2012 年超标因子	2013 年水质类别（断面达标率/%）	2013 年超标因子	区划标准
柴河大桥	牡丹江市区下游断面	IV（37.5）	高锰酸盐指数	III（60）	—	III（66.7）	—	III
莲花湖	湖库	V（0）	高锰酸盐指数、总磷、总氮	IV（0）	高锰酸盐指数、总磷、总氮	IV（0）	高锰酸盐指数、总磷、总氮	II
花脸沟	牡丹江出境断面	III（100）	—	III（100）	—	III（100）	—	III

（一）牡丹江市出、入境水质状况

吉林入境水质（大山咀子断面）基本达到水功能区划要求。近三年仅 2012 年年均值超标，主要超标项目为高锰酸盐指数、化学需氧量。但水质呈现逐年好转趋势。

牡丹江出境（牡丹江市入依兰市）水质为良好，达到水功能区划的要求。水质无明显变化。

（二）牡丹江干流水质状况

干流水质总体状况基本为良好。2011 年、2012 年全流域断面功能区达标率为 83.3%，主要污染因子为高锰酸盐指数。2013 年全流域断面功能区基本达到III标准。水质变化趋势总体呈好转趋势。

（三）镜泊湖、莲花湖水质状况

镜泊湖近三年水质年均值为轻度污染（湖泊标准）。主要污染指标为高锰酸盐指数、总磷、总氮。属中营养状态。水质总体无明显变化。富营养化程度呈逐年下降趋势。

莲花湖水质 2011 年为中度污染，2012 年、2013 年为轻度污染。主要污染指标为高锰酸盐指数、总磷、总氮。属中营养状态。水质总体为好转趋势。

二、牡丹江流域水污染原因分析

通过对牡丹江流域近三年的水质监测数据分析可知，牡丹江流域的污染有以下五个方面原因：

（一）上游来水影响

吉林省敦化市位于镜泊湖上游牡丹江干流上，每年大量的生活污水排入牡丹江干流。近年来，虽然敦化城市污水处理厂的运行，对干流水质有起到很大作用，但在个别时段水质有时仍不能达到水体功能要求。

（二）镜泊湖湖区自身污染影响

镜泊湖污染主要有以下三个方面原因：一是来自湖区内宾馆、饭店、疗养院及沿湖村屯居民生活排放的污水；二是镜泊湖区周围的农田、林区因降雨导致地表径流以及沿湖林区、村屯居民的生活垃圾、畜禽粪便等带来的污染；三是湖区旅游人口的增加，导致景区水土流失加重，造成植被破坏，生态系统恶化。由于点源、面源的共同影响，造成镜泊湖达不到水质功能区划要求，超标因子为高锰酸盐指数、总氮、总磷。

（三）城镇污水对下游水质影响

近几年牡丹江市各县（市）都用上了城市污水处理设施，但沿江干流的乡镇、村（屯）有许多还未上污水处理设施，使下游水质有所下降。

1. 宁安市污水对下游的影响

宁安市工业企业废水排放量为 300 万 t/a。宁安市工业企业虽然废水处理设施都已运行，但排放的工业废水仍对牡丹江水体造成一定影响。由于点源、面源的影响，宁安市下游断面达标率约为 75%。

2. 海林市污水对下游的影响

海林市海林镇污水处理厂设计规模为日处理污水 2 万 t，实际处理不足 1.5 万 t/d，城镇生活污水处理率约为 60.1%。由于点源、面源的共同影响，造成该控制单元控制断面海浪河口内、大坝断面达不到水质功能区划要求（达标率约为 80%），超标因子为高锰酸盐指数、氨氮、总磷。

3. 牡丹江市区污水对下游的影响

牡丹江市区现辖 4 个区，人口达 90 万，牡丹江市城市生活污水处理厂一期工程于 2007 年投入运行，由于当时客观因素的制约，致使生活污水处理率达不到 60%，大量未经处理的生活污水直排入牡丹江，对牡丹江水质有一定影响。牡丹江下游柴河大桥断面在个别时段达不到水质功能区划要求（达标率为 66.7%），超标因子为高锰酸盐指数、氨氮。

4. 林口县污水对下游的影响

林口县位于牡丹江流域下游地区，林口县污水处理厂处理能力为 2 万 t/d。林口镇工业排放废水量相对较小，该城镇下游断面基本达标。

（四）面源污染日益突出

牡丹江市、宁安市、海林市、林口县均有沿江乡（镇）、村，生活垃圾、畜禽粪便、耕地施肥和喷洒农药通过地表径流进入牡丹江，这些对牡丹江干流的污染日益突出。

1．养殖业污染

经调查，目前畜禽养殖业达到规模化养殖的较少，绝大部分属于分散、无序养殖，管理水平低下，畜禽产生的粪便综合利用率低，如遇急雨缺乏行之有效的措施防控粪便流失，致使粪便随雨水进入江河，污染地表、地下水。

2．种植业污染

人口增加耕作面积扩大，农业要增产，化肥、农药施用量需增加，导致水污染负荷增加。农田灌溉技术落后，大量抽取地下水，使地下水水位下降，水质变差，部分农业区地下水不能饮用，而秋冬季节农田退水，造成河流有机水污染物升高，水质下降。

3．生活垃圾污染

牡丹江流域内农村人口所占比重较大，沿河道的生活垃圾、畜禽粪便，这也成为农村流域较为普遍的问题。由此形成的面源污染不易计量，但对水质影响很直接。

（五）丰水期和枯水期水质污染较重

丰水期污染较重，因为大面积水土流失和地表径流造成的水质较差。主要污染因子为高锰酸盐指数；枯水期污染较重是因为枯水期水量相对较小，污染物的稀释、降解能力下降造成水质较差，主要污染因子为氨氮。

三、牡丹江流域污染防治对策

根据牡丹江流域的现状特别是存在的问题，现提出六个方面的防治对策。

（一）控制源头，强力推进镜泊湖水环境整治

以镜泊湖国家湖泊生态环境保护试点为契机，对镜泊湖生态现状和水环境容量进行深入调研，大力推进《镜泊湖生态环境保护实施方案》的实施，到 2015 年，入湖减排化学需氧量 50%，总磷减排 60%，湖区水质达到Ⅲ类水体，到 2020 年，流域水质达到Ⅱ类，满足水体环境功能区的目标要求。具体实施镜泊湖流域污染源防治工程、镜泊湖流域水土资源调控工程、镜泊湖生态保育工程、调整湖区经济结构以及实施国家湖泊生态环境保护试点工程项目等五大措施和污染源治理、生态保护、环境监管能力建设等总投资 3.4 亿元的"十二五"时期 4 类工程、25 个项目。完成已建项目的验收。快速推进前期项目进入实施阶段。2015 年计划在镜泊湖入湖口处（黑鱼泡）建设 2 000 亩人工湿地，待湿地建成后，对镜泊湖水质将有很大的改善；另外，通过汇报、沟通、协调加强对镜泊湖上游流域水质监管、加大污染治理力度，最大限度地减少镜泊湖上游来水对镜泊湖水质的影响。

（二）控制面源，加大面源污染防控

积极协调农业部门、县市政府大力发展绿色有机农业，加大绿色有机食品的认证，减

少农药、化肥的使用量，鼓励农民使用生态有机肥。同时对水土流失严重的农田采取生态补救措施，多种树、种草减少水土流失对牡丹江干流水质的影响。结合畜牧部门"三进、三退"政策，加大畜禽养殖治理力度，多方争取资金，使规模以上的畜禽养殖场具备粪便污染减排能力，生产有机肥。协调当地政府对村屯产生的生活垃圾集中进行无害化处置，最大限度地减少生活垃圾进入水体。

（三）突出重点，推进流域污染整治

1. 实施治理工程是改善流域水质的治本措施

牡丹江市项目列入国家松花江流域水污染防治规划项目要全力以赴完成。

2. 整治水源地环境

一方面，以水源地年度评估和规划实施中期评估为契机，全面加强水源地综合整治，对牡丹江市饮用水水源地一、二级保护区内的环境隐患问题，加强督办，限期整改。另一方面，为切实保障饮用水安全，积极推进新水源地建设。

3. "三溪一河"（金龙溪、银龙溪、青龙溪、北安河）环境综合整治

在市政府的统一领导和指挥下，积极配合水务部门加快对"三溪一河"集中综合整治，加快实施河道清淤、截污管网、沉沙池建设等工程，在保证城市内河水质提升的同时，对流域水质提升起到积极作用。

4. 整治行业废水

对牡丹江市屠宰、医疗、造纸、化工等行业进行规范整治。对选址不合理且治理不达标的企业给予关停；对污水处理设施落后、医疗垃圾存放点不规范的单位分别提出限期治理、经济处罚、改造升级的要求。

（四）严格执法，开展环境现场监察

1. 不断强化污水处理厂环境监管

不断强化污水处理厂环境监管，切实保证污水处理厂稳定运行、达标排放和污染物减排效果。对存在运行不稳定、运行记录不完善等问题的污水处理厂提出批评和限期整改，情节严重的依法从严、从重处罚。

2. 强化流域现场环境执法

针对枯水期、平水期、丰水期的不同特点，以饮用水水源地保护、重点企业监管为重点，全面加强对全市流域的监督管理。

3. 强化环境风险防范

为切实防范环境风险，对牡丹江流域的水环境重点环境风险源进行了调查，完善风险防范应急处理预案，并按照风险源所处位置、发生污染事件的概率、危害程度以及隐患状况，对水环境风险源进行分类管理，并从组织领导、信息传递、环境监测、现场处置等各方面完善机制，确保环境安全，做到未雨绸缪，防患于未然。

（五）加强协调，推动部门合作

牡丹江流域治污工作是一项系统工程，以往由于部门之间职能交叉与重叠或者各地区间的有关信息、管理工作不对称，对相关工作开展没有形成合力。要在政府的统一领导下，统一协调发改、工信、城管、农委、工商、公安、财政、金融等部门，形成环保工作合力。

（六）全民动员，鼓励公众参与

目前，公民的环境保护意识日益提高，牡丹江流域的水污染防治应加强宣传，使全流域的公众了解牡丹江流域目前的污染情况及污染带来的后果，进而提高公众的参与度，促进牡丹江流域水环境保护目标的实现。应提高公众的环境意识，为牡丹江流域水环境污染治理、保护、发展提供持续的社会原动力。同时，要更好地发挥人大监督、政协协商的重要作用。

总之，牡丹江流域水污染防治是一个系统工程，它需要政府、企业、个人、社会的共同努力，需要各种法律、法规、经济杠杆的共同作用，需要长时间的不懈努力，才能使牡丹江流域水体更清澈。

太滆运河水环境治理研究

江苏省常州市环境保护局　李允建

摘　要： 太湖流域是我国最为典型的水质型缺水地区，而位于常州的太滆运河是太湖上游需重点整治的主要入湖河道之一。本文首先介绍了太滆运河的环境现状，包括水系水文概况、水质量环境概况和污染物主要来源情况，随后从农业及其他人类活动方面分析了污染的主要原因，最后在前文基础上提出了治理太滆运河的建议。

关键词： 太滆运河　水环境治理　水污染　对策

一、研究背景

20 世纪 80 年代以来，太湖流域水质平均每 10 年下降一个等级，使太湖流域成为我国最为典型的水质型缺水地区。为此，太湖流域被国家确定为"三河三湖"水污染防治的重点流域之一，也是江苏省水污染防治的核心区域。太湖入湖河道是污染物转移交换的关键路径，对太湖主要入湖河道及其周边的环境治理是太湖治理的核心任务之一。位于常州的太滆运河是太湖上游需重点整治的主要入湖河道之一。

二、太滆运河环境现状

（一）水系水文概况

太滆运河位于武进区南部，起源于滆湖，流向由西向东，横穿武进区前黄、雪堰两镇，在下游段扫过宜兴市周铁镇，与漕桥河相交后由百渎港入太湖。整个河道长 22.45 km，河道底宽 20～50 m，河底高程−1.60～−1.20 m（黄海高程），坡比为 1∶3。太滆运河多年平均流量为 10.81 m³/s，平均流速为 0.13 m/s，平均水量 3.41 亿 m³，平均水位为 3.19 m，最高水位 5.14 m，最低水位 2.3 m。运河两岸与其直接相通的河道共有 39 条，其中镇级以上河道 21 条，村级河道 17 条。

（二）太滆运河水环境质量现状

太滆运河高锰酸盐指数在与武宜运河交汇后略有下降，但随后又有好转，总体尚能满足《江苏省地表水（环境）功能区划》中 2010 年的水质目标；氨氮在汇入了严沟浜、莘村浜、桐庄河、大成港、谈巷浜、水渠浜、田舍浜等支流后水质由Ⅲ类转为Ⅴ类，到百渎港时已达劣Ⅴ类；总氮除太滆河口区属于Ⅴ类水质外，其他都处于劣Ⅴ类状态；总磷在与锡溧漕河北段汇合后由Ⅲ类转为Ⅴ类，随后水质虽有好转，但在与锡溧漕河北段汇合后至入太湖前一直都处于Ⅳ类水质状态。总体来看，在与锡溧漕河交汇后，太滆运河氨氮、总氮已不能满足《江苏省地表水（环境）功能区划》中 2010 年的水质目标，其中总氮污染最为严重，其次是氨氮。

（三）主要污染来源

1．生活污染源

太滆运河流域内生活污水排放量共 352.66 万 t/a，按镇（街道）划分，南夏墅街道163.26 万 t/a，占排放总量的 46.29%，前黄镇 91.61 万 t/a，占排放总量的 25.98%，雪堰镇97.79 万 t/a，占排放总量的 27.73%；按镇区和农村划分，镇区 32.43 万 t/a，占排放量总量的 9.2%，农村 320.23 万 t/a，占排放量总量的 91.8%。COD 排放总量为 1 057.98 t/a，氨氮155.84 t/a，总氮 235.11 t/a，总磷 7.93 t/a。

2．农业面源

太滆运河区范围内农业面源污染物排放量中化学需氧量为：COD 388.43 t/a，总氮192.38 t/a，氨氮 66.54 t/a，总磷 12.08 t/a。农业面源中畜禽排放污染是主要污染源，各类污染物排放量为：COD179.50 t/a，总氮 64.56 t/a，氨氮 35.95 t/a，总磷 4.93 t/a。除总氮外，各类污染物排放量的比重均在 40%以上；水产养殖业其次，农业种植业产生的污染量相对较少。

3．工业污染源

太滆运河区范围内工业废水排放总量为 321.75 万 t/a，其中，COD 排放总量为237.17 t/a、氨氮排放总量为 10.41 t/a、总磷排放总量为 1.71 t/a、总氮排放总量为 31.42 t/a。太滆运河区内共涉及三个工业集中区，分别分布在雪堰镇、前黄镇和南夏墅街道内。

4．太滆运河污染负荷及构成

统计太滆运河内工业、生活和农业污染源的污染物排放现状，太滆运河现状 COD 入河量为 1 572.24 t/a，氨氮和总磷的入河量分别为 226.64 t/a 和 20.97 t/a。太滆运河 COD 和氨氮主要来源于生活污染，其入河量比重分别为 67.29%和 68.76%。总磷主要来源于农业面源，其次是生活污染源和工业污染源。

5．污染源集中治理现状

（1）污水处理厂建设。太滆运河域有五座污水处理厂，分别是武南、漕桥、雪堰太湖湾污水处理厂以及双惠环境工程公司和前黄污水处理厂（康普药业公司）。其中武南、漕桥和雪堰太湖湾三座污水处理厂以处理所在镇区域内的生活污水为主，兼具有处理少部分工业废水功能。双惠环境工程公司和前黄污水处理厂（康普药业公司）则主要处理雪堰、前黄两镇区的工业生产废水。

（2）污水管网铺设。目前太滆运河区内共建有排水管网 150.6 km，主要集中在高新区（以南夏墅街道区和庙桥集镇区为主），以及雪堰镇的漕桥和前黄镇的镇区内，管径为 300～1 200 mm。太滆运河农村地区基本没有排水管网，只有邻近镇区以及位于污水处理厂附近部分行政村的生活污水接入了污水处理厂。

（3）垃圾收运和处理设施。太滆运河区域内的雪堰镇、前黄镇、南夏墅街道的生活垃圾全部实行无害化处理。涉及流域内生活垃圾收集处理场所有两处，即常州市城市生活垃圾卫生填埋场（日处理城市生活垃圾 1 050 t）、常州绿色动力环保热电有限公司（日处理能力为 1 000 t）。生活垃圾收运体系，目前太滆运河共有潘家、雪堰、寨桥、前黄、前黄商贸中心以及南夏墅等六座垃圾转运站，基本覆盖太滆运河内各镇区、街道和集镇区，日运转能力可达 350 t。

（4）生活污水集中处理现状。目前太滆运河区内生活污水主要由前黄污水处理厂（康普药业公司）和漕桥污水处理厂进行收集处理。收集范围主要集中在南夏墅街道、庙桥、前黄、潘家、运村等城镇建成区及其周边地区。其中城镇区（含集镇区）的污水收集率在60%～65%。整体来看现有的生活污水处理能力尚不能满足太滆运河内可接管范围内的污水处理需要，随着城镇发展和管网的延伸，需要新建或扩建污水处理厂，提高污水处理能力和处理标准。

三、存在的主要问题

（一）乡村生活污染处理能力薄弱

1. 乡村生活污水收集和处理率低

太滆运河流域内拥有人口 18.38 万，生活污水年产生量为 629.59 万 t，其中镇区生活污水产生量为 85.83 万 t，农村生活污水产生量为 543.77 万 t。收集和处理率还有待进一步提高。

2. 偏远乡村生活垃圾收集和处理率较低

流域内生活垃圾的处理分属常州市生活垃圾填埋场和常州市绿色动力环保热点有限公司，两家企业的现状处理规模分别为 1 050 t/d 和 600 t/d，可满足流域内生活垃圾的处理要求。流域内已基本建立了"组保洁、村收集、镇转运、县（市）集中处理"的垃圾处理体系。现有的垃圾收集设施和转运站主要设置在镇区和部分老集镇区，能基本满足这部分区域的垃圾处理需要，但在其他区域特别是偏远农村地区的生活垃圾还没有得到有效收集处理。

（二）农业面源污染治理普遍滞后

太滆运河地区农业集约化程度较高，种植、畜禽养殖以及水产养殖业都较为发达，但是大量使用化肥、农药、饲料等物资导致农业面源污染严重，加之对面广量大的农业面源治理缺乏有效的手段，治理工程普遍滞后，使得农业面源污染成为太滆运河内主要污染来源。

1．农业种植业面源污染未能得到有效控制

太滆运河内化肥亩耕地施用量较高，氮肥当季利用率长期徘徊在 30%～35%，与发达国家相比差距较大，剩余的氮肥、磷肥会通过各种环境过程成为河流湖泊的氮、磷主要污染负荷。

2．畜禽粪便污染尤为严重

据统计，目前太滆运河畜禽粪污年产生量达 8.0 万 t，而畜禽粪便的综合处理利用率不足 40%。成为农村面源的重要污染源之一。

3．水产养殖污染现象日益突出

太滆运河拥有大量的湖塘、河流等水体，水产养殖产业发达。太滆运河内有各类水产养殖面积 35 892 亩，其中围网养殖面积 18 154 亩，池塘养殖面积 17 738 亩，主要养殖淡水鱼、蟹、虾等，投饵强度大，大量化学肥料以及防治鱼类生病的各类消毒剂、杀虫剂等分解产生的氮、磷，对邻近水体构成直接威胁。目前太滆运河内水产养殖所产生的 COD、总磷等污染物量已超过种植业产生的污染量。

（三）船舶污染治理设施不健全

太滆运河是该区域的主要航道，与太滆运河汇流的武宜运河、永安河、锡溧漕河也均为流域内具有通航能力的河道，该区域船只多，运输量大，船舶污染及船舶人员生活污水和垃圾排放问题不容忽视。目前这几条主要通航河流的主要码头或停靠点都未建设岸上的集中处理设施，缺乏对船舶垃圾、生活污水、含油废水的集中收集和处理，沿线随处可见以船为家的渔民住户，露天洗浴等生活污水直接入河，是太滆运河日常污染物来源之一。

四、太滆运河水环境治理的对策与建议

（一）深化工业污染防治

对太滆运河内污染物排放不能稳定达标或污染物排放总量超过核定指标的，以及使用有毒有害原材料、排放有毒有害物质的企业，全面实行强制性清洁生产审核，并向社会公布企业名单和审核结果。所有审核企业要达到同行业清洁生产国内先进水平，做到废水稳定达标排放，工业废水循环利用，废水的资源化利用率在现有基础上提高 20% 以上。在审

核的基础上，按照清洁生产标准督促企业实施清洁生产改造。对达不到清洁生产要求的企业逐步淘汰。

（二）提高生活污水处理能力

1．进一步加强村镇管网建设

作为武进区高新技术开发区未来发展的重要拓展区域，南夏墅整个街道区域范围内的生活污水处理宜采用集中式污水处理方式，全区域应加强和完善污水管网建设，特别是加强农村地区的污水管网建设。在加快武南污水处理厂调试运行的同时，加快其配套管网的延伸建设，提高全区域的污水管网覆盖率。太滆运河内其他已具备一定污水管网建设基础的老集镇，如前黄镇的前黄村、运村，雪堰镇的潘家村，应进一步加强和完善镇区污水管网建设，提高镇区污水管网覆盖率和污水收集率。加快雨污分流工程建设，逐步完善太滆运河域内雨污分流排水体制。

2．全面提升污水处理厂处理水平

太滆运河域内涉及的前黄污水处理厂、漕桥污水处理厂及太湖湾雪堰污水处理厂抓紧实施脱氮除磷提标改造；新建的武南污水处理厂必须具备脱氮除磷功能的处理工艺，各污水处理厂尾水排放必须达到《太湖地区城镇污水处理厂及重点工业行业主要水污染物排放限制》（DB32/T 1072—2007）的要求。

3．大力推广农村分散式生活污水处理设施建设

农村生活污水排放量大、处理率低，是流域内生活污染的主要来源。目前流域内的仁庄村、凤凰村、夏庄村、凤沟村已建成分散式污水处理设施，具有一定的示范基础。应加快示范村污水处理设施的运行投入工作，做好处理效果和运行管理的经验总结，为后续的推广建设和运行提供借鉴。

（三）推进种植业污染治理

1．农业面源污染治理保护区划分

根据《江苏省太湖水污染防治条例》规定，太滆运河内，太湖岸线 5 km 范围，太滆运河入太湖上溯 10 km 以及沿岸两侧各 1 km 范围，滆湖岸线至武宜运河东侧为一级保护区；由于太滆运河贯通连接滆湖与太湖两大湖体，且太滆运河、武宜运河、永安河、锡溧漕河等主要入湖河流两侧是农业面源污染控制的重点，因此将太滆运河 10 km 以上至武宜运河交汇段两侧、武宜运河南侧、永安河两侧、锡栗漕河两侧 1 km 范围列为二级保护区，以加强对农业面源污染的治理。太滆运河其余区域为三级保护区。

2．有机农业带建设工程

在太滆运河现有种植范围内，调整优化种植结构，逐步发展有机农业，全面推广农业

清洁生产技术，建设有机农业生态带。区域内种植业全部按照有机农业栽培方式组织生产，参照有机农业国际通行标准，禁止施用农用化学投入品。在一级和二级保护区内全面推广实施有机农业。

3．实施化肥减施工程及农药替代工程

在流域内积极实施化肥减施和农药替代工程，全面开展测土配方施肥，扩大商品有机肥补贴规模，加强病虫监测预报，推广行之有效的绿色防控技术和农药替代措施，普及生物农药和高效低毒低残留农药，开展植保专业化服务，提高农药利用率。

（四）加快畜禽养殖综合治理

1．合理布局畜禽养殖区域

根据本流域内的保护区划分，一级保护区为畜禽禁养区；二级保护区为限养区，禁止新建畜禽养殖场，对不符合环保要求的畜禽养殖场，限期治理或强制关闭；三级保护区为适度养殖区，适度养殖区要实行总量控制。

2．规范治理畜禽养殖企业，完善配套设施

大中型规模畜禽养殖场建设"三改两分再利用"治理工程，即改水冲清粪为干式清粪、改无限用水为控制用水、改明沟排污为暗道排污，固液分离、雨污分流，粪污无害化处理后农田果园利用。按照人畜分离、集中管理的原则，在养殖大户相对密集的区域，建设清洁养殖小区，配套建设废弃物集中处理的利用工程，包括建设畜舍建筑、饲养设备、通风保暖设施及粪便污水处理设施等，建立统一防疫系统。

3．积极推进畜禽废物的资源利用

对大型养殖企业实施沼气工程、有机肥生产及畜禽粪污生态还田沼渣沼液还田技术，进一步提高畜禽粪便的综合利用率；对中小养殖企业大力推广发酵床生态养殖技术，快速消化分解粪尿等养殖排泄物，实现猪舍（栏、圈）粪尿零排放。对畜禽分散养殖实行粪便集中收集处理，实现物业化管理、专业化收集、无害化处理、商品化造肥和市场化运作的目标。

勇于担当　合力治污
切实提高环境监察工作组织水平

江苏省南通市环境保护局　季红星

摘　要： 近年来，南通市环境监察工作取得了一定成效。结合经验，本文浅谈新形势下如何继续提高南通市的环境监察工作水平。首先，要用于承担相应的历史使命，由于环保形势的变化、各级领导和公众对环保的关注和要求，监察工作必须配合环保的其他方面工作，依法履职。其次要理清思路，突出监察工作中的重点，力求实现监察工作的新突破。最后从具体举措上要变"被动"为"主动"，变"单打"为"联动"，才能更好地落实监察工作。

关键词： 环境监察　南通市　工作重点　企业

近年来，南通市环境监察工作在市委、市政府的正确领导和上级环保部门的指导下，围绕总体工作目标，创新工作举措，狠抓工作落实，全市上下环境保护意识空前提高，铁腕治污氛围空前浓厚，环保执法环境空前改善，查处了一批环境违法案件，化解了一批环境突出问题，各项重点工作有序推进并得到有效落实。当前，环保执法监管面临着新的形势，本人结合在环保系统工作一年多来的工作体会，浅谈新形势下如何提升南通市的环境监察工作水平。

一、认清形势，依法履职，勇于承担环境监察工作的历史使命

南通市在铁腕治污方面虽已取得明显成效，但随着工业化、城镇化的加速推进，一些环境污染问题仍然存在，有的还相当突出。当前，环境监察工作较以往面临着更大的压力和风险，同时也较以往面临着更好的机遇。

（一）环保形势发生重大变化，生态文明制度体系对环境监察工作提出新要求

党的十八大提出了要大力发展生态文明，"五位一体"地建设中国特色社会主义。党的十八届三中全会强调要加强生态文明制度体系建设，按照"源头严防、过程严管、后果严惩"的思路，阐述了生态文明制度体系的构成及其改革方向、重点任务。2013 年 6 月，最高人民法院、最高人民检察院出台《关于办理环境污染刑事案件适用法律若干问题的解释》，一方面为我们快速依法打击环境污染犯罪活动提供有力武器；另一方面也增加了环境监管人员失职渎职的风险。

（二）环保工作备受重视，各级领导对环境监察工作寄予期望

李克强总理在政府工作报告中提出，我们要像向贫困宣战一样坚决向污染宣战。2014年2月发生在京津冀的大范围雾霾，环境保护部加大了督查工作力度，对部分地方领导进行问责。2014年南通市召开生态文明建设推进大会，会议规格之高是南通环保史上前所未有的。2013年起，南通市环保工作创新体制机制，形成了大环保工作格局；市委、市政府主要领导对一些环境问题高度重视，亲赴现场检查并进行督办，推进解决环境问题。

（三）环境问题备受关注，社会公众对环境监察工作寄予厚望

2013年12月初，南通连续多日成为全国雾霾"重灾区"之一，尽管雾霾是典型的"气象外力"与"内源污染"共同作用的结果，但当前空气质量经常性达到重度污染，在社会上引起广泛关注和议论，环保问题成了老百姓关心的热点。南通市"两会"期间，人大代表、政协委员聚焦环保工作，围绕环保的建议和提案近70件，是南通史上最多的。现在社会民众关心环境质量，环保卫士紧盯环境问题，网络媒体关注环保执法工作。

当前阶段，环保系统内外部职责不清、基础工作薄弱，环境监察人员严重不足、工作量不断增加，疲于应付。但我们没理由也不可能回避环境问题，环境监察工作也根本没有退路。我们一定要准确把握形势，全面调整工作思路、状态、方式，切实依法履行职责，迎难而上，坚决向污染宣战，严格执法，打好铁腕治污组合拳，勇当环境保护卫士，承担环境监察工作的历史使命。

二、理清思路，突出重点，力求环境监察工作实现新突破

环境监察工作要正确把握市委、市政府对环保工作的总体要求，创新工作举措，突出重点、难点和热点，狠抓各项工作的落实，力求实现新突破。

（一）深化"亮剑行动"，力求企业环境管理水平取得新突破

突出环境问题主要发生在企业，企业环境问题也是各项创建和减排工作中最薄弱的点位。企业是环境保护的责任主体，只有企业环保基础工作做好了，才会有区域环境基础的改善。开展环保执法"亮剑行动"，规范企业环境管理行为是环境监管工作的"牛鼻子"工程，这项工作做到位了，能有效减少环境突出问题，推动多项环保工作。环保执法"亮剑行动"是南通市环保执法的创新举措，必须扎实推进，确保取得实效。

1. 大力宣传

加大对有污染源的工业企业主要负责人、分管负责人、环保工作具体人员的宣传力度，着力强化企业是环境保护的责任主体意识，形成铁腕治污的浓烈氛围。加强与新闻媒体的合作，及时报道工作进展情况。对少数整治不力的企业坚决予以曝光。

2. 完善标准

2013 年，南通市环保局已印发《南通市工业企业环境管理规范化建设基本要求及考核评分标准》，由于该标准是南通市的创新举措，在评分标准等方面难免有不尽合理之处，在工作推进过程中将及时完善，让企业环境管理考评更趋科学合理。

3. 严格验收

建立环境监察专家库，制订考核验收计划，组织专家组逐一验收，确保按标准提升企业环境管理水平，完善"一企一档"。对集中整治阶段未能完成整改目标的企业，报请政府进行挂牌督办。

（二）突破工作难点，力求在化解突出环境问题上取得新突破

有效化解突出环境问题，最能直接体现一个地区环境监察工作的力度和成效。突出环境问题不解决，环境信访举报量就不会下降，我们的工作再苦再累也难顺应民意、得到群众认可。环境问题一旦在媒体曝光，就会给当地党委政府、最终还是环保部门造成被动，且势必会投入更多人力、物力、财力去应对，环保人员甚至还会面临失职渎职风险！环境问题大多是多年积累起来的，解决这些问题需要一定的时限。我们不求一蹴而就，但要对所有问题逐一列出时间表，让所有的问题都有得到化解和解决的希望。

1. 全面系统梳理当前环境问题

主要包括上级环保部门通报交办、群众长期举报的环境问题，以及长期未能解决的各类环境问题。

2. 排定所有环境问题整治时间

排定每一项环境问题的治理时间目标，并明确责任单位。对一些热点问题、影响群众身体健康的问题要力求尽快解决到位。

3. 列入党委、政府重点工作

要主动多汇报，争取得到党委、政府主要领导的重视，由各县（市）、区领导分别挂钩联系环境突出问题，建立推进机制，更加有力地推动问题解决。

（三）合力铁腕治污，力求在打击环境违法行为上取得新突破

1. 完善司法联动

要通过司法联动，借势借力，对环境违法犯罪行为强势执法。各地要建立完善司法联动的体制机制，严格落实到位，不断提高工作成效。

2．强化突击检查

整合所有环保执法人员的力量，针对上级环保部门布置的重点工作、信访举报和突出环境问题，组织环保执法突击检查。力争突击检查制度化、常态化，对发现的问题坚决查处，威慑环境违法分子。

3．加大督查力度

结合环境监察工作季度督查，加大对行政执法工作的督查力度。对该查不查、该罚不罚或罚不到位的进行全市通报。

4．引入公众参与

对省级以上信访举报件、通报的环境问题以及行政处罚案件，由"美丽南通使者"参与跟踪，增强环保执法透明度，全面提升环保执法公正力、影响力和威慑力。

5．发动社会监督

加大有奖举报工作的宣传力度，扩大知晓面，动员更多社会公众监督举报。及时兑付奖励，对环境犯罪案件举报要重奖。

三、创新举措，强势作为，全面提高环境监察工作组织水平

当前的环境监察工作任务重、人手紧、问题多、要求高，环境监察人员必须顺应工作新形势，坚决向污染宣战！我们只有迎难而上，敢于攻坚，真抓实干，强势作为，才能切实逐步解决数十年发展带来的环境问题，才能赢得领导的认可、群众的满意，做真正的环保卫士。

（一）变"被动"为"主动"

面对环境问题，我们很多时候还处于十分被动的状态。要根本扭转当前的被动局面，只有主动强势作为。

1．主动履职，全面完成各项目标任务

必须要以硬措施完成硬任务，以"踏石留印，抓铁有痕"的力度，以"钉钉子"精神，一项项细化，一件件落实，充分履职到位，不再新欠工作债，争取工作上的主动。

2．主动分批挂牌督办环境问题

对长期未能得到解决、化解进展缓慢的区域性环境问题，以及部、省、市检查发现但长时间整改不到位的环境问题，主动向政府领导汇报，分批适时进行挂牌督办。通过挂牌督办，将环境问题上升到政府层面来推动化解。绝不能环保部门自身解决不了，又不主动着力化解。要按照挂牌督办事项工作要求和机制，扎实推进，严格考核。绝不流于形式，

着力解决切实问题。

（二）变"单打"为"联动"

要通过多种方式形成齐抓共管、合力统筹推进环境监察工作的格局，坚决改变环保部门单打独斗的局面。

1. 环保部门要整体联动

对上级环保部门布置的工作要按照要求抓落实，确保不走样，一个声音喊到底。要严格标准，有序推进，确保成效。对流域性、跨地区环境问题要充分发挥好上一级环保部门的作用，统一调度，密切配合，开展联合执法。

2. 加强与相关部门的联动

（1）加强研究，了解相关部门的职责职能。不能埋头苦干，抢种别人的"地"，无暇顾及自己的"责任田"。对工作中发现职责职能不明确或不合理的现象加强研究，对各地好的经验及时交流推广。

（2）加强沟通联系，合力推进相关工作。要密切与经济、水利、建设、农业、公安、海渔、城管等部门的合作，合力化解大气、水环境污染问题。

（3）及时会商交办，发挥好相关部门的职能作用。如对监管过程中发现的环境问题，要主动与相关主管部门对接，适时通过会议纪要或书面通报等形式明确企业主体责任和相关主管部门的行业主管责任，并书面报当地政府。

（4）探索工作新模式，建立考核督办机制。建立健全生态办工作机制，对一时难以解决的环境问题由生态办交办相关部门，并列入政府重点考核内容、跟踪督办。

浅谈岳阳市南湖水环境综合治理

湖南省岳阳市环境保护局　万四良

摘　要：南湖是岳阳市最大的天然湖泊，具有娱乐、养殖、接纳城市污水等多种功能。但是随着城市化发展，南湖的生态环境受到了严重污染，为了恢复良好的南湖生态环境，市政府对南湖进行了六年整治，并且取得了良好的效果。本文阐述了治理过程中对污染原因的分析和采取的对策和措施。

关键词：南湖　水污染　成因　综合治理

一、引言

南湖位于岳阳市中心城区南部，是岳阳市城区最大的天然湖泊，岸线约 50 km，水面面积 11.83 km²，平均水深 3.0 m，湖泊库容约 3 540 万 m³，集雨面积 150 km² 的天然湖泊，南湖以城市防洪大堤与洞庭湖相分隔，兼有景观娱乐、风景名胜、调洪蓄水、水产养殖、接纳城市污水等多种水环境功能。

随着城市化速度的加快和南湖周边人口的聚集，大量的生活污水和工业废水进入南湖，并有 80% 以上的天然氧化塘在开发建设中被填埋。部分水域夏季绿藻疯长，有的地方散发出臭味。为了构建和谐岳阳、秀美岳阳，2008 年市人大出台了《关于保护南湖生态环境的决议》，岳阳市委、市政府正式启动南湖综合整治，恢复南湖山清水秀的自然面貌。

根据岳阳市环境监测站监测表明，2006—2007 年综合整治前，水质大部分处在 V 类，局部劣 V 类，6 月份，气温升高，水中藻类大量繁殖，综合营养指数在 60～70，水体呈中度富营养状态，8 月形成峰值，接近重度富营养状态，湖在进入冬季后，综合营养指数在 50～60，水体呈轻度富营养状态，到 4 月受春水影响，指数降至最低点。经过 6 年的整治，2013 年 1—12 月对南湖水质与浮游生物进行的动态监测数据显示，南湖水质整体达到 IV 类，局部达到 III 类，属轻微污染，夏季综合富营养指数在 50～60，呈轻度富营养化，总氮、总磷、叶绿素、综合营养指数呈波动性下降，透明度呈波动性上升；与整治前同期相比，监测指标整体趋于好转，尤其是浮游植物种群逐步改善，蓝藻比重明显下降，但麦子港、蛇皮套、三眼桥、理工学院、黄梅港、千亩湖等局部水域污染仍较重。

二、污染成因分析

整治前南湖每天接纳中心城区大部分地区的城市居民生活污水、工业废水约 11.8 万 t，南湖存在明显的富营养化特征，影响最大的排污口有：南津村排污口、凌波台排污口、曹家汉排污口、南湖宾馆排污口、郭镇排污渠、齐家岭湖南理工学院排污口、景湖湾排污口、刘三庙排污口、金东门排污口、蛇皮套排污口，造成这一状况的主要原因：

（一）城市排水系统滞后

突出反映在"迟、断、缺、混"。"迟"就是先地下后地上的建设次序未落实，城市污水管网及抽排泵站建设相对滞后；"断"就是不少地片污水干管未全线贯通，出现"断头管"；"缺"就是不少地方不是缺失污水干管，就是缺少污水支管，此外，缺抽排泵站，部分污水无法接入和排走；"混"就是一些小区和单位开发建设时，并未建设雨水、污水两套管系，往往将污水接入城市雨水干管就近入湖。

（二）城市污水集中收集处理率偏低

岳阳市 2000—2015 年城市总体规划，明确规划建成 6 座污水处理厂，其中环南湖 3 座，但到 2008 年为止，只有一家 10 万 t/d 的南津港污水净化中心建成运行，而且由于污水管网没有全部建成连通，污水处理厂并没有达到设计处理能力。

（三）分散处理效果不理想

环南湖有 34 家单位对污水采用了地埋式的分散处理，从实际使用情况看，地埋式治污设施能较好地去除有机物的含量，但对氮、磷的去除率较低，加之，运行成本高，大部分单位的污水处理设施运转不正常，处理设施没有实现满负荷运行，没有达到理想的预期效果。

（四）产业结构不合理

南湖周边养殖业兴旺，据初步调查环南湖流域生猪存栏 500 头以上的有 16 家，存栏 500 头以下的 1 000 多家，生猪总存栏头数在 6 万头以上。养殖废水为高浓度的有机物、氨氮和臭味。养殖废水、禽畜粪便及生活污水均排入南湖，使南湖局部地区水体发黑发臭。另外，目前南湖渔场有职工 1 000 多人，以南湖渔业养殖为生，每年还向湖中偷投氮肥和饲料，还有分包散户在湖内设置低矮围坝进行养殖。

（五）填湖造地过度开发

近年来，房地产热，沿湖很多地方被开发为居住小区、宾馆酒店、学校，而这些项目并没有严格按照城市发展总体要求控制到位，各类开发项目逐步向湖岸线靠近，填湖造地，湖面不断萎缩，湖岸生态不断破坏，这严重地削弱了南湖的污染自净能力，而且这种无序开发，也导致大量的建筑垃圾、生活垃圾、各类污水直接排入湖中，使得南湖水质恶化加剧，沿湖污染带也由麦子港一带发展到齐家岭沿岸。

三、对策与措施

根据南湖水域、水质特征、污染源分布特点，坚持以人为本，全面贯彻落实科学发展观，综合运用经济、法律和必要的行政手段，有重点、有步骤、分部门落实各项治理措施。治理措施坚持预防为主，防治结合；外源治理与内源治理并举；集中治理为主，分散治理为辅；工程措施、生态措施、管理措施并重的原则。

（一）完善城市环境基础设施规划与建设

在依据《岳阳市城市总体规划》（2008—2030 年），进一步科学化、规范化完善环南湖截流管网规划的基础上，城市新建区排污管网规划与建设执行雨污分流制，投入巨资铺设地下管道网络、建设污水处理厂，新建了环南湖的罗家坡、黄梅港、湖滨污水处理厂和扩建了南津港污水处理厂，处理能力达到了 22 万 t/d。全面实施环湖截污，先后投入 4 亿多元初步完成 60km 多环湖截污管网建设。

（二）开展排污口专项整治活动，对环湖排污口实行了"销号挂号"制度

对环湖排污口全面排查，摸清了排污口废水来源、排量、管网建设等情况的基础上，进行了任务分解，开展全面整治。集中开展环湖种养殖业和餐饮、宾馆等三产业的整治，如南湖宾馆和阿波罗酒店的排污管网和提升泵站建成运行；对环湖 22 家餐馆和经营场所进行了清理、整顿，取缔了其中 6 家无证餐馆；关闭、搬迁养殖户 30 余家，处理了 8 000 多头生猪；对环湖周边种植蔬菜进行全面清理。

（三）从严整治流域工业污染

一是对南湖风景区范围内的所有工业企业，在规划期内完成"退二进三"改造；二是对南湖流域其他所有工业企业，完成外排废水稳定达标化整治；三是全流域坚持禁止新增造纸、制药、化工、印染等水污染型企业。

（四）统一整治水产养殖业

一是在南湖主体水域成功实行"人放天养殖"的基础上，对全流域禁止投肥投饵、网箱式水产养殖。二是突出南湖的城市景观功能、淡化其水产养殖功能，不再"靠水吃水"，对产业制渔民，全面完成业态转向式改制，引导渔民向景区树木花草栽培管理、陆地及水域面保洁转移。三是启动了环南湖周边鱼塘的返租工作，根据《关于南湖水环境综合整治有关问题的会议纪要》（岳府阅[2012]46 号）精神，2013 年启动了对环南湖周边鱼塘的返租工作。对返租回来的鱼塘，统一整治，统一管理。实行人放天养。一方面确保杜绝外源性污染源入侵南湖，另一方面通过自己繁育鱼苗，减少平时运输过程和因养殖环境的不同造成的对鱼苗的损伤，提高鱼苗的成活率。

（五）适用生物操纵理论

投放特种微生物菌剂，调节微生物繁殖生长代谢途径，使浮游生物大量增殖，促使水体中的氮、磷等污染物（营养因子）向浮游生物体转移，从而连绵不断地得以稳定化，达到改善水质的目的。配合水质改良菌的投放，优化水体鱼种结构、让滤食性鱼类滤食大量增殖的浮游生物，通过捕捞成鱼，最终使污染物从水体中转移出来并得以资源化利用。

（六）生态修复

启动了南湖水环境水生植物（浮床）修复工程，2013 年，对虾子山地段荷花池以及九龟山约 1 万 m^2 的水域进行了试点性的水生植物生态修复。经过对该地段进行清淤翻晒、平整土地、浮岛设置、种苗采购等工作，目前试验区内各类水生植物达到了近 20 种、30 万多株的规模。从试验情况看，这些水生植物的种植，不仅为该水域水质的净化起到了很好的作用，丰富了南湖周边植物的多样性，而且还为市民游客开辟了一处高品质的湿地景观。

另外，及时的监测预警机制、强化责任管理和宣传教育都是重要措施，统一的管理机构，各部门分工协作，各司其职，是保证南湖日常保护管理和各项治污措施的具体落实的基础。广泛宣传环境保护法及各种资源法，切实提高广大市民的保护南湖意识，引导公众自觉参与到保护南湖的行动中来也是必不可少的重要手段。

流域水环境整治探索

——韩江流域水环境保护和整治调研

广东省潮州市环境保护局　刘民伟

摘　要：水资源是人类生产生活的最关键资源，可是如今，水体污染严重，水环境问题成为最主要的民生问题之一，水资源的保护和水污染的治理成为现代社会最关注的问题。本文结合潮州市韩江流域的调研，简要分析了现代水环境的现状和污染问题，并提出一些有建设性的治理措施。

关键词：水环境　污染　治理措施　韩江流域

一、水资源现状

目前，我国水环境污染问题已经十分严重，根据环境保护部的有关报道：我国的主要河流有机污染严重，并呈不断扩大趋势，水源污染日益突出；根据水利部门对全国 10 万 km 河流的调查来看，几个大型淡水湖泊都处于富营养化状态，水质差；另外，全国大多数城市的地下水受到污染，局部地区的部分指标超标，污染问题每况愈下。

我国江河流域局部开发利用过度，水污染普遍非常严重。我国的水资源开发利用率在 20% 左右，总体处于国际公认的合理限度 40% 以内，但是局部地区开发利用过度，北方主要河流的开发率均已经超过 50%。过度开发导致了严重的生态环境问题，2008 年七大水系的 412 个水质监测断面中，I～III类、IV～V 类和劣 V 类水质的断面比例分别为 41.8%、30.3% 和 27.9%。

韩江的基本情况和面临的问题：韩江横跨广东、福建、江西三省，是广东省境内仅次于珠江的第二大河流，干流长 470 km，干支流总长约 3 400 km。在广东省境内跨河源、梅州、潮州、汕头 4 个地区共 4 市 9 县，是流域最主要的饮用水水源，可谓粤东母亲河。虽然多年来流域内各市，特别是潮州市市委、市政府高度重视并实施多项保护和整治措施，水质维持在饮用水水源II类标准，但是，韩江潮州流域目前仍然面临着污染的威胁，主要问题有：

（1）河床下切导致工程性缺水。无序和过量采砂导致河床严重下切，水位下降，枯水期缺水问题尤为明显，局部河段水污染突出，可利用水资源逐渐减少。

（2）面临的污染负荷日益加大。上游地区城镇化进程的生活污水和工业废水大幅度增加，流域污染负荷日益加大，水环境形势越来越严峻。

（3）水利工程给水环境保护带来的新挑战。水利工程从合理利用、调节水资源等方面都是利大于弊，但也改变了水的自然环境，导致水体纳污和自净能力下降。

（4）基础设施不到位。全流域基层设施欠缺，由于人口密度大，城市管网系统雨污不分，城市排水管网未能完全将污水引到韩江水体以外，污水处理系统跟不上，而且改造难度大，投资费用高等问题亟须解决；生活垃圾普遍没有进行无害化处理，垃圾及其渗滤液影响饮用水水源。

（5）管理不到位。各级环保部门的监测和执法人员编制严重不足，能力建设滞后，影响了环境管理的有效性。

（6）农业面源污染治理难度大。农药、化肥和除草剂的使用，禽畜养殖业的污染是污染防治的薄弱环节，禽畜养殖业多数没有配套治理设施，直接污染韩江。据调查，上游福建省境内养殖业遍地开花，对韩江的污染较为严重。

（7）由于历史的原因，潮州市金山大桥穿越水源保护区，存在水源保护区的应急隐患。

（8）乡镇饮用水水源按照广东省统一要求均必须划分保护区，潮州市的湖库型和河流型的饮用水水源保护区一共是 25 个，涉及韩江干支流的就一共有 8 个，这给日常的保护和管理、整治工作带来了更大的压力。

二、水环境问题产生的主要原因

（一）环保意识问题

各级政府存在环保意识薄弱现象，政令不通现象时有发生；执法部门以收、罚代管等现象存在，没有形成长效管理机制；排污者治理设施不配套、不完善或者不运作行为存在；流域内毁林开荒、破坏植被、盗采河沙、乱丢垃圾等人为现象屡禁不止。

（二）资金问题

流域的综合整治和建设需要大量资金，单列入潮州市韩江流域整治计划的大项目，投资就超过 10 亿元。污染的加剧和资金的投入成不了正比。

（三）区域协调问题

开发建设缺乏流域统一开发、管理和保护的有效机制；整治缺乏有效的共同性行为纲领；各库区和水资源调配上缺乏协调。

（四）部门配合问题

部门协调配合的机制尚有待改善，城市布局不尽合理，功能混杂，主要流域基础设施建设滞后，造成面源污染得不到有效控制。

（五）技术问题

破坏植被，资源开采无序、不规范、管理不科学现象普遍存在。潮州市的瓷土矿、石料厂、采砂场的管理职能还不尽明确，影响了管理的效果；上游的旅游开发项目缺乏科学的管理，污染防治和水土保持能力有待提高。

三、对策和措施

水资源的保护已经是迫在眉睫，加强水污染防治和水资源保护在任何时候开始都不晚。韩江流域综合整治应该以新的发展观念和可持续长远发展的战略角度出发，全面合理处理好经济发展与环境保护的关系。

（一）建立环境保护最广泛"统一战线"

提高全民的环保意识和法制观念，使韩江水环境问题引起全社会关注，"保护母亲河人人有责"，调动社会力量是整治韩江最有效的途径。

1. 强化政府的环保观

在政府中注重经济的发展质量，强化绿色 GDP 的考核。由政府牵头将整治目标和任务分解下去，制定时间表，集中力量解决主要问题。

2. 加强部门协调

各部门之间建立协调机制，防止在水环境管理方面存在相互推诿、各司其职的问题。我国目前流域水行政管理机构和水资源保护机构并存，水资源的量与质两个方面的管理被人为地分割开来，上述两类机构又都存在职能交叉的问题，即都在水质管理方面负有责任，并且这些责任虽然在文字规定上似乎有所区别，但在实际工作中往往容易引起争议，所以必须改变"水利不上岸，环保不下水"和上下游之间割裂等状况。

3. 加强区域合作

建立权威性的、强有力的流域领导和协调机构，成立粤、闽、赣三省的跨省韩江流域联席会议制度，潮汕三市成立流域水质保护领导小组，以便于加强流域立法，通盘考虑流域开发建设规划和水环境修复管理措施的制订等，整体推进韩江水体修复。

4. 公众参与

要实行严格的问责制，通过信箱、电话和网络建议等多形式接受广大群众的意见和建议。

5. 加强外界交流

加强国内外和其他城市的交流，学习先进的整治经验，寻求互利互惠的合作途径，争取国外和其他城市的资金和技术支持。国外一些先进的河流治理成功的经验包括制定全面的治理规划；治理目标明确，不同阶段要达到不同的效果；建立有效的资金和技术保障机制；建立完善的流域水管理体制等。

6．争取技术界和金融界的支持

鼓励所有关心环保的单位、学者、专家等出谋划策，共同保护水环境；将环境执法信息纳入金融征信系统，联合金融机构，将环境保护列为企业贷款的依据。逐步实行与环保挂钩的税费政策等经济杠杆，激励节能环保。

（二）拓展资金渠道

设立广东韩江流域水污染防治专项资金。潮汕三市可以按照受益单位集资、财政提取等方法，建立统一的流域水质基金。各级政府要把辖区内综合整治工作的年度投资计划列入财政预算；设立地方环境保护专项资金，重点用于韩江整治。提高城市污水和垃圾的处理费，用于污水和垃圾处理设施的建设和运行。建立自然资源有偿使用机制，用于恢复生态平衡、防止环境恶化等项目。积极争取国外的赠款，境外银行低息贷款和采取 BOT、TOT 方式来解决重大工程项目资金。

（三）政府提供政策支持和落实整治保护政策

政府既做强有力的后盾，将环保理念纳入综合决策，督促相关单位按照任务具体实施，确保政令畅通，又提供相对应的政策支持，才是整治韩江水流域的保证。

1．政策支持

（1）环保投入政策。设立环保专项基金和韩江综合整治专项资金，并保证环境执法经费。

（2）节能减排政策。制订有利于节能减排的结构调整、工程技术改造等政策，鼓励企业进行技术改造，提高污染设施处理能力，尽量降低污染程度。

（3）税费政策。对于有利于保护或改善水环境的经济投入，政府在税收和征地方面给予支持。

（4）奖惩政策。实行流域水环境质量行政首长负责制，制订综合整治考核和考评办法。政策和实施任务落实到具体单位、具体负责人上，确保政策落到实处。

2．政策落实

（1）根据广东省《南粤水更清行动计划（2013—2020 年）》和《潮州市实施南粤水更清行动计划工作方案（2013—2020 年）》的每一项具体要求，紧密实施。由于潮州市污水处理设施历史欠账多，所以重点改造和建设潮州市的污水处理厂以及污水管网，市区管网逐步改造为雨污分流，所有污水处理厂的进水浓度达到国家和省的减排要求，从源头逐步削减对韩江水环境的污染。

（2）潮州市正在努力打造粤东生态环境最佳城市，城市建设正在东扩建设新区，所以政府更应该从长远规划的角度出发，各部门统筹协商，制订更合理、更优化的城市排污系统。

（四）强化环境准入和监管

1. 实施区域限批

对区域的环境容量进行科学核算，实施总量控制，限制环保准入。对沿韩江的环境敏感区域，禁止或限制高能耗、污染水量大、浓度高的电镀、造纸、漂染、养殖、食品粗加工等行业的审批。

2. 划定的禁养区、限养区、适养区区域

按照划定的禁养区、限养区、适养区区域，加强对禁养区内畜禽养殖企业的清理，限养区内原则上不再新增畜禽养殖企业。

3. 加强检查和管理沿江企业

对流域内的污染企业要重点监控，以在线监控和日常检查结合的方式严格管理。采用限制生产、限制排水、停产整顿、强制关闭等梯级管理手段，坚决打击偷排漏排、设施闲置、超标排污等违法行为。流域内要突破日常监督检查成规，由省牵头组织流域内各级政府组成联合检查组，强化流域管理，把污染防治工作和流域整治进度抓牢抓实。

（五）推进基础设施建设

1. 推进潮州市"十二五"规划的污水处理厂的建设

到 2015 年，全市城镇污水处理率达到 75%以上。加快完成潮州市第二污水处理厂、潮安县污水处理厂扩建、饶平县城北污水处理厂扩建、沙溪污水处理厂、径南工业园区污水处理厂、临港产业转移工业园污水处理厂、三饶镇污水处理厂等 7 个污水处理厂共 20 万 t/d 的建设。全市各重点乡镇都配套污水处理设施，推进韩江、黄冈河、北溪沿岸村镇的人工湿地建设，净化当地排放的生活污水，保护水资源环境。

2. 推进污水处理厂污泥处理中心的建设

至 2014 年配套建成污水污泥处置中心，处理规模为 100 t/d，至 2020 年潮州市的污水污泥处置能力达到 160 t/d。

3. 加快城镇污水管网建设

实施截污管网工程，将生活污水和工业废水等收进污水处理厂处理，减少直排污染；市区管网逐步改造为雨污分流，所有污水处理厂的进水浓度达到国家和省的减排要求。

4. 建设生活垃圾无害化处理项目

推进饶平县大湖山垃圾填埋场的建设，完善潮安区垃圾无害化处理场建设。在城市新区规划建设垃圾无害化处理场，虽然潮州市、县（区）均建成了垃圾处置项目，但是由于

路途远，运输成本高，加上运载垃圾车辆必须经过市区等诸多不足，因此必须建设服务于城市东扩和潮安东片各乡镇的生活垃圾无害化处理。在乡镇一级大力推广意溪镇建成的垃圾压缩站，推进垃圾集中转运进程，使垃圾在一定程度上减量化，也减少垃圾产生废水污染问题。

（六）做好应急管理工作

认真组织韩江流域饮用水水源的应急管理工作，保护好应急水源，制订饮用水水源应急制度定期修改制度，保证更持久有效。对水源保护区内交通穿越的必须严格执行《危险化学品应急管理制度》，设立好保护措施（如警示牌、限速标志等），做好应急演练。

（七）利用先进技术推进污染整治

流域的治理还应强调科学技术的开发和应用，无论是工业的生产技术与设备，农业的灌溉技巧与面源污染，还是污水的治理与恢复，都离不开先进的科学技术，鼓励技术的创新与发展应是我们在流域治理中始终坚持不变的准则。研究一些切合当地情况、具有"低投资、低运行费用和低维护技术"的"三低"工艺，例如人工湿地污水处理系统等。

（八）关闭沿江流域的排污口

对韩江流域的污水排污口进行整治关闭，改造排污管网，将城市的生活和工业废水改造进入污水处理设施。

综上所述，有了强有力的管理体制，在法律的保障下，公众参与，结合以先进的科学技术与各种资金做后盾，解决工业的技术落后与环保动力不足的问题；解决农业不科学造成的面源污染与水资源浪费问题；解决资金不足造成的城市污水欠缺处理的问题，脚踏实地地一步步解决韩江水流域存在的水污染问题，才能真正走出水流域治理的困境。

东莞市水环境污染治理实践与探索

广东省东莞市环境保护局   方灿芬

摘　要： 东莞市经济发展迅速，也因此带来了严重的环境问题，尤其是全市的水环境污染较严重。本文首先分析了东莞市水环境的典型性、污染现状、污染成因和水环境压力分析，其次阐述了水环境治理的基本原则，最后，在本文的分析的基础上，提出水环境治理的建议和措施。

关键词： 水环境　水污染　治理实践　东莞市

　　东莞市位于广东省中南部，东江和珠江三角洲下游，山、川、海相连，是一座典型的河口城市。改革开放以来，全市经济蓬勃发展，成为全国经济发展最快的地区之一。然而随着经济社会的快速发展，生态环境所面临的压力日益增大，尤其是全市的水环境污染较严重，市域内的河涌大部分受到不同程度的污染，丧失了水环境的基本功能，严重影响经济社会可持续发展。东莞作为高度城市化的地区，通过对水污染整治与生态修复的研究探讨，对我国其他同类型地区水环境污染防治具有一定的借鉴意义。

一、水环境现状分析

（一）水环境的典型性

　　东莞是我国城市化进程的一个缩影。改革开放以来，东莞凭借地处穗港澳经济走廊中间的地理优势和区位优势，通过大量引进和利用外资，推进农村工业化，城村镇经济非常发达，全市 32 个镇街均名列"全国综合实力千强镇"行列，形成中心城区与建制镇并行发展的组团式的城市发展格局，各镇街城市人口均在 30 万～100 万，城市化程度达到 80%，是中国农村城市化的一个典型范例。

　　由于东莞的城市化率高，并且呈现组团式的城市建设格局，基本上，东莞市的大小河涌都流经市、镇、村的中心区，成为城市河流以及城市景观不可或缺的一部分，同时也成为城市排污的主要纳污水体，水环境质量恶化与城市发展背道而驰，这也是我国很多发达地区城市发展的一个缩影。东莞又是一座典型的河口型城市，市域内河网密集，相互交错，河涌关联度强，河涌总面积为 165 km^2，单位面积河涌系数为 0.067。同时，由于处于区域流域的下游，全市河涌水环境状况受到上游入境水质状况影响较大。

（二）水体污染现状

除水源保护地东江以外，东莞市水体环境均受到不同程度污染，黑臭现象普遍存在。据调查，全市小型以上水库53座，只有20座水库出水口断面能够达到地表水Ⅴ类标准，其中有7个断面能够达到地表水Ⅲ类标准。大部分内河涌水质为劣Ⅴ类，平均污染综合指数超标的断面多达195个，占调查总数的85%以上，河涌水污染范围已经涉及全市的绝大部地区。全市枯水期水质测量结果显示，总磷、氨氮、化学需氧量几个指标均存在不同程度的超标。

（三）水体污染成因

1. 工业排污影响大

主要来自于沿河排放水污染物的工业生产企业，以及餐饮、宾馆等商业服务业数量较多，对受纳河流水质影响较大。

2. 生活污水排放处理不足

大部分沿河村镇建成区尚未完善污水收集管网、实现污水处理厂集中处理、沿河直排，是造成河涌污染的主要原因。

3. 沿河垃圾堆存和倾倒普遍

整个市域内，沿河还存在较多的垃圾填埋场，且存在不规范建设情况，产生的垃圾渗滤液对河涌水质影响较大。

4. 河道污染物淤积明显

垃圾倾河、污水中杂质沉淀等，均使河道淤积了大量的污染物，既在厌氧过程中释放臭气，又导致输水不畅；一些河道内的桥墩、水闸及其他构筑物，亦因阻挡作用，加剧上下游段的淤积过程。此外，下游水系受咸潮影响，水污染物回荡，污染物沉积难以自净扩散，亦导致了局部水体的持续恶化。

5. 侵河占地开发情况严重

利用河滨地带建设在大部分水系上都有发生。在东莞，侵河建设情况仍比较严重，许多河段、河岸完全被硬化，呈沟渠形态，失去可提高河流自净能力的土质滨水生物防护带。

6. 跨界河流污染较重

流进东莞的观澜河、东深河支流、潼湖水、茅洲河和沙河等跨市河流水质均劣于Ⅴ类标准，属重度污染，进一步加重东莞河涌污染程度。

（四）水环境压力分析

在未来发展过程中，东莞市水环境将面临四个方面压力：

1．饮用水资源限制压力

东莞供水 90%是来自东江过境水源。由于位于东江最下游，东莞对东江水资源的开发利用深受上游制约。目前，东莞每日从东江取水总规模超过 500 万 m³。由于东江同时承担着穗、港、深及河源、惠州等地的供水任务，东江已经无法完全承载沿线各地区经济社会发展的用水需求，也限制了东莞对东江水资源的后续开发。

2．人口与经济发展压力

2013 年全市常住总人口达 831.66 万，预测 2020 年达 1 106.9 万。2013 年国内生产总值为 5 490.02 亿元，预测 2020 年达 8 666.2 亿元。人口和经济的发展必将对全市河涌的环境保护提出新的挑战。

3．排污需求增加压力

2013 年，全市废污水年排放总量 10.29 亿 t，比 2012 年增加了 2.18%，其中：工业废水排放量 2.34 亿 t，比 2012 年减少了 13.01%；生活污水排放量 7.95 亿 t，比 2012 年增加了 7.72%。生活污水排放量增加同时会增大水体纳污和污水处理设施的压力。

4．水污染负荷增加压力

2013 年全市主要水污染物排放量，化学需氧量为 14.05 万 t、氨氮为 2.16 万 t，均居全省前列，污染负荷依然较大。

二、水环境治理的基本原则

东莞水环境污染存在典型的流域性和跨区域性污染问题，全面治理水环境污染需要各种先进治理技术，需要各种治理手段综合运用，需要结合不同河段（区域）分别采取不同的治理方式。结合东莞实际，提出"五分"治理原则：

（一）"分期"原则

强调分阶段实施，近期措施优先。将东莞市水环境整治工作分近期、中期和远期三个阶段进行。各期工作任务既有关联和衔接，又有侧重和区别。前期整治措施是后期的基础，后期工作又是前期整治成果的延续和深化。既考虑不同阶段的重点，又注重各阶段间的过渡，同时兼顾与全市国民经济和社会发展过程的关联。

（二）"分河"原则

强调按河施治，东莞运河优先。东莞市串联型河涌相互关联、覆盖范围大，水乡沿海河涌相对独立、范围小，整治方案应根据各河系分别制定和实施。首先，对针对东莞运河流域的河涌进行优先整治；其次是对其相关支流和其他水系进行整治。

（三）"分区"原则

强调各区控制，城区改善优先。将河流划分为对应的行政区进行整治，以便提高改善工作任务的可操作性。首先，对全市水环境基础建设相对比较好的城区优先改善，率先突破，推广经验；其次，辐射至经济发展布局中确定的各中心镇区，各个击破，最终启动全市水环境问题全面解决的歼灭战。

（四）"分步"原则

强调综合整治，削减负荷优先。对于河涌水环境的改善，需要采取一系列的综合整治措施。首先，应当优先削减排入河道的水污染物负荷，其中包括工业企业排水达标控制和城市生活污水处理基础设施建设；其次是进行河道综合整治、补水和生态修复等。

（五）"分项"原则

强调控制污染，主要指标优先。在所有水污染物指标中，优先控制的是化学需氧量和氨氮，其既是国家和广东省重点考核的指标，也是标志水环境水质状况的最具代表性指标。其次是提高河流水体的溶解氧含量和降低其他水污染物浓度。

三、水环境治理的对策措施

水环境污染治理是一项复杂的系统工程，深入推进水环境污染治理，要以深入贯彻落实党的十八大、十八届三中全会精神为契机，以改革创新为动力，重点在体制机制、产业发展、源头管控、社会参与、加大投入等多个方面综合施策，才能确保取得实效。

（一）健全治理工作机制

国内外河流治理的成功经验表明，推进河流污染治理必须实行统一指挥，加强调度，明确责任。要全面落实各级政府对辖区内环境质量的属地管理责任，全面建立、推行"河长制"，将各级政府"一把手"确定为"河长"，作为辖区内水生态环境第一责任人、负总责，健全水环境治理的工作机制。要加强治理责任考核，以定量与定性评估相结合的方式，全面评估各区域水环境综合整治措施完成情况，以及河流污染通量减排和跨界断面水质改善情况，按年度进行考核、追责，确保既定水环境治理计划顺利实施、按时完成。同时，按照"谁受益、谁补偿"原则，探索建立河流治理绩效与税收返还、财政补助奖励挂钩的财政分配制度，建立完善多层次、多途径的生态补偿制度。

（二）大力推进产业转型升级

水环境污染问题，归根到底也是产业结构、产业布局不合理的问题。要充分发挥好环评审批和环境标准对发展的优化、调控、引导的综合作用，把防治水污染的工作重点从末端治理转为源头控制，严控制新增污染源，全面减少工业污染排放。要大力推进企业清洁生产，摒弃传统落后的工艺，确立清洁生产的目标，如日能耗、日排放量、吨产品能耗、吨产品排放量、原料转化率、综合利用率等，积极采取鼓励性、强制性手段，引导企业通过清洁生产，改进工艺、技术和设备，提升工业用水重复利用率，提高产业发展水平，减少水污染排放。要严格执行国家规定的水污染特别排放限值，督促电镀、印染等产污量大的企业，按时进行提标改造，提升排放水平。要大力淘汰落后产能，重点针对造纸、电镀、漂染、洗水、印花、制革等重污染行业，加大淘汰整治力度，推动重污染企业入园建设，实行集中排放、集中治污。在此基础上，要加快发展以知识和创新为基础的现代服务业，重视生态旅游业和环保产业的发展，调整全面产业结构。

（三）全力推进截污控源工程

截污和污水处理是河涌生态改善的前提，是最基本的控制措施，未有效截污的河流是无法有效治理的。尽管近年来通过大投入、大力度地推进全市污水处理工程建设，东莞已实现每个镇建有污水处理厂的地级市，但由于配套的截污管网不完善，已建的污水处理厂未能发挥应有的作用，大量的生活污水仍未实现有效截污，直排水体。要按照90%处理率的要求，新建、扩建污水处理厂。要加快推进截污主干管网建设，确保污水主干管全贯通，提高污水收集率。要尽快启动支次管网工程建设，争取早日实现城乡雨污分流目标。要大力推进污水处理提标改造，提升出水氨氮、化学需氧量排放标准。要全面整治河道两岸各类生活垃圾填埋场和工业垃圾堆放点整治，实现垃圾渗滤液全面截住、规范处置，避免排入河流。要大力开展畜禽养殖业污染清理，加强农业污染防治工作，科学施肥方法，切实控制农药、化肥及农用物资带来的污染。

（四）全面转变河流治理模式

首先，要从干流整治向全流域整治转变，以小支流为单位，实施精细化治理，带动全流域水环境整治。其次，要从治污向治养并重转变。在治理河流治污同时，想方设法恢复河流生态系统的自我修复功能，以水体生态修复为中心，综合采取活源、清淤、湿地、植物护坡、河岸生态走廊、河堤景观、河床生态重建等措施，改善河流水环境，营造一个安全、生态、宜人的水生态系统，满足人们对水环境更高要求。再次，要从单纯治水向流域环境整治与开发并重转变，充分认识到治水、治污，不仅仅是环保问题，还牵涉到流域土地储备、开发以及市政建设等问题，河流治理中，不仅要采取环保措施，还要采取水资源管理、土地管理等措施，实现河流治理环保效益、社会效益、经济效益最大化。

（五）扩充多方治理资金投入

河流水环境治理工程量大，涉及面广，情况复杂，投入主体、投入方式单一必须影响到治理的进度和实际效果，要注重建立多层次、多渠道、多元化的治理投入机制。要强化政府的主导作用，将河流水环境治理的重点项目纳入地区国民经济和社会发展计划，按照轻重缓急原则，分年度实施，财政资金上予以落实和保证。要建立完善"以奖促防"、"以奖促治"、"以奖代补"、"以奖促减"等政策，充分发挥财政资金引导和带动作用。要拓宽投融资渠道，鼓励利用社会资金、外资以及世行贷款等方式，投入水环境治理。同时，健全财政资金管理、审计和监督机制，提高资金利用效率和效益。

（六）构建全面参与共治平台

要建立水环境信息公开制度，适时向社会滚动公布重要水源地、跨界河流交界断面和公众关注河段的水质状况。要推动企业公开环境信息，鼓励企业自觉开展环境公益活动，不断增强企业环保社会责任意识。要推动建立节水环保的生活方式和消费方式，鼓励全民参与节水减排。要借鉴国外鼓励民间参与治水的经验和做法，注重扶持民间水环境组织建设，鼓励、引导民间力量参与全市水环境治理。

安康市汉江水污染防治现状及对策

陕西省安康市环境保护局 陈 彪

摘 要：本文简要介绍了安康市汉江水污染防治工作现状和主要成果，阐明了在水污染治理中面临的几大问题，包括工业布局不尽合理、生活污染严重、农业面源污染大、危险化学品运输存在风险和环境监管能力不足，并着重提出了八项解决问题的主要措施。

关键词：水污染防治 对策 污染源 水源保护

在南水北调中线工程即将正式调水之际，我参加了 2014 年第一期全国地市级环保局长水污染防治专题培训班，通过辅导培训，进一步深化了对汉江生态环境保护工作形势任务的认识和把握。加强水污染防治，保护汉江水质，责任重大，任务艰巨。

一、安康市汉江水污染防治工作现状

安康市地处陕西省东南端，北靠秦岭，南依巴山，辖 9 县 1 区，3 个管委会，总面积 23 529 km²，总人口 295 万。安康属国家重点生态功能区，是国家主体功能区建设试点示范市，也是南水北调中线工程核心水源区。长江最大的支流汉江自西向东穿境而过，流经 7 个县区 34 个镇 660 个村，境内流长 340 km，常年流量 257 亿 m³，占丹江口入库水量的 66%。汉江安康段共有支流 1 037 条，其中集雨面积 5～100 km² 的有 951 条，100～1 000 km² 的有 76 条，1 000 km² 以上 10 条。

近几年来，全市投资 18.6 亿元，建成了 20 个县城污水、垃圾处理厂（场）和市医疗废物处置中心。投资 108 亿元实施汉江水资源保护、沿江绿化、生态治理、防洪保安等综合工程，实施 24 条小流域、30 处中小河流治理工程，治理水土流失面积 3 800 km²。2013 年 12 月，瀛湖被国家列入 15 个生态环境保护重点湖泊，瀛湖生态保护上升到国家层面，对汉江生态保护将产生重大作用。加强农村环境整治，累计投资 7 735 万元，实施了 19 个农村环境综合整治项目。深入开展生态创建示范工程，建成国家生态示范县 2 个，省级生态示范县 3 个，生态镇村 2 447 个。加强环境监管，编制《重点环境污染源管理手册》和《重点环境风险源管理手册》，建立健全 93 家重点污染源、93 家重点环境风险源企业数据库。坚持定期研究环保工作，市政府每年一次常务会议专题研究汉江水质保护工作。制定出台了《关于进一步加强汉江水质保护工作的意见》《关于进一步加强环境保护工作的决定》《安康市城镇污水处理厂运营监督管理办法》《安康市城镇垃圾卫生填埋场运营监督管理办法》等文件。召开了全市汉江水质保护动员大会，全面安排部署。与 10 个县区和

25 个部门签订《汉江水质保护目标责任书》，层层夯实责任和任务，形成了各级重视、上下联动、齐抓共管的良好格局。汉江出陕断面水质稳定在国家Ⅱ类标准，城市饮用水水源地水质达标率 100%，全市环境质量保持稳定，没有发生重大环境污染事故和因环境引发的重大群体性事件。

二、存在的主要问题

安康市在汉江水污染防治方面做了一些工作，但也面临一些不容忽视的问题，主要表现在五个方面：

（一）工业布局不尽合理

由于历史的原因，全市大多数工业企业都是沿汉江或主要支流而建。目前汉江沿岸有重点污染源企业 93 家，重点环境风险源企业 93 家，其中黄姜皂素企业 12 家，重金属企业 23 家，医药化工企业 10 家，对汉江水质威胁巨大。

（二）生活污染严重

县城、集镇以及移民安置区都是沿江河沟溪而建，群众逐水而居，长期养成了生活污水垃圾直排的习惯。县城"两厂（场）"建成后，虽对城区大部分污水垃圾进行集中收集处理，但由于部分污水管网建设不到位，收集处理率低。乡镇还没有建成污水垃圾处理设施，生活污水垃圾大部分直排江河，局部水体富营养化问题突出。

（三）农业面源污染不容忽视

大量不当使用化肥、农药、地膜，土壤残留污染严重。全市土地多为坡耕地，残留物随水土流失排入江河、污染水体。同时，近年来畜禽养殖产业快速发展，大多数养殖场紧临江河沟溪而建，污染治理设施建设不到位，污染物处理不达标，动物尸体、排泄物及冲洗废水直排现象普遍，严重影响汉江水质安全。

（四）危险化学品运输风险隐患大

安康境内有襄渝、阳安、西康三条铁路、京（北京）—昆（明）、包（头）—茂（名）、十（堰）—天（水）三条高速公路和 316、210 两条国道，公路总里程近 2 万 km，沿途运输危险化学品车辆众多，稍有不慎就会引发道路交通事故，一旦造成危险化学品泄漏，直接威胁汉江水质安全。

（五）环境监管能力不足、手段落后

监察监测能力与国家标准化建设差距大，监察监测业务用房严重不足。市县区没有在线监测中心，污染源企业在线监测设施安装不到位，环境监管主要靠执法人员现场检查。全市监察监测人员少，难以进行监管。

三、进一步加强安康汉江水污染防治工作主要措施

（一）大力调整产业结构，扎实推进循环发展

以国家主体功能区建设试点示范工作为契机，进一步调整优化产业结构和布局。一是大力发展"飞地经济"。打破行政区划限制，通过规划管理、项目建设和利益调节机制，引导限制开发、发展空间不足的县把重大项目向重点开发的 1 915 km² 区域集中，建设"飞地经济园区"，实现经济、产业、环境融合发展。二是坚持工业集中、产业集聚、用地集约，进一步完善配套设施，提升安康高新区、恒口示范区、瀛湖生态旅游区和县域工业园区、现代农业园区"三区两园"承载能力，把现有开发区逐步改造成为低消耗、可循环、少排放、"零污染"的生态型开发区。三是大力发展生态友好型产业，优先发展山林经济、涉水产业、劳动密集型产业等生态产业，加快发展装备制造、电子信息、现代物流、文化创意、健康养生、节能环保等新兴产业，重点发展生态旅游产业，提升发展传统工业，大力发展现代农业，构建具有安康特色的循环产业体系。

（二）加大污染治理力度，严格控制污染排放

一是大力实施汉江综合整治，认真实施《丹江口库区及上游水污染治理和水土保持"十二五"规划》，加快水资源保护、流域治理、防洪保安三大工程建设，认真组织实施好瀛湖生态环境保护项目，确保汉江水质持续稳定。二是加强工业点源污染治理。认真完成列入《丹江口库区及上游水污染治理和水土保持"十二五"规划》的十个工业点源污染治理项目。对汉江沿岸环境污染重、风险隐患大的企业采取关、停、并、转、迁等办法综合整治。在汉江干流 20 km 范围以内严禁有污染的工业开发，坚决关停存在严重环境风险隐患的企业，确保 76 条 100 km² 以上河流水质稳定达标。三是推进重金属污染治理。认真组织实施国家、省重金属污染综合防治"十二五"规划，完成旬阳、白河等区域重金属污染治理任务，严防重金属污染汉江水质。四是加强农村环境保护。大力推进农村环境综合整治，切实解决污水乱排、垃圾乱倒、秸秆乱烧等环境污染问题。按照流域水功能合理布局，划定畜禽限养区和禁养区，实施规模化畜禽养殖污染治理及综合利用工程，减少畜禽养殖污染。引导农民科学合理使用化肥、农药、农用薄膜，减少残留，控制农业面源污染。五是深入开展生态县、生态镇村创建，持续推进国土空间大绿化，加大植树造林、退耕还林、天然林保护、长江防护林、汉江绿化等造林绿化工程实施力度，建立汉江生态保护屏障。六是切实解决生活污染问题。加强对"两厂（场）"运行的监管，确保污染物达标排放。延伸建设城市污水管网，实现区域全覆盖。加快汉江沿岸 52 个重点镇"两厂（场）"建设。在农村集中居住区、移民安置区建设沉淀池、化粪池等生活污水简易处理设施，推广"户收集、村转运、镇处理"的垃圾处理模式，提高生活污水垃圾收集率和处置率。加大对医疗废水、废物收集处置监管力度，开展入河排污口综合整治，切实解决生活污水垃圾直排汉江的问题。七是认真做好污染减排，大力淘汰落后产能，完成污染减排任务。严格落实国家污染物总量控制制度，坚持以总量定项目、定产能，从源头上控制新增污染物排放量。

八是大力推行清洁生产，依法对超标准、超总量和排放有毒有害污染物的企业进行强制性清洁生产审核。

（三）严格环境执法监管，加强环境风险防控

一是加大执法监管力度。认真组织开展环保专项行动和执法检查，大力整治各类环境违法问题。执法监察做到"四个结合"，即：将工作日检查与节假日检查结合起来，将白天巡查与夜晚抽查结合起来，将专项执法监察与日常执法监察结合起来，将明察与暗访结合起来。建立环保与公、检、法联席办案制度，加大环境违法案件查处力度。对社会普遍关注的热点环境违法案件，迅速查处、及时公开；对群众反映强烈、环境污染严重、长期不解决或屡查屡犯的，挂牌督办、限期整改；对涉嫌环境刑事犯罪的，及时移交司法机关依法追究刑事责任。对执法人员不作为、乱作为或监管缺位的，依法依纪追究责任。二是加强环境风险防控。认真落实"四个清楚"，即：对环境现状和发展趋势清楚；污染源在什么地方清楚；环境风险是什么清楚；污染减排和污染风险防范的政策对策清楚。对重点污染源、风险源企业摸清底子，建立"一企一档"，落实监管责任和监管措施。三是加强危险化学品运输安全监管。认真落实公安、交通、安监、质监、环保等部门对危险化学品运输安全监督管理职责和有关企业的主体责任。严格实施危险化学品运输车辆 GPS 卫星定位，实行运输全过程监控。在高速公路和交通流量大的国省干道重要路段，设立安全检查站，严肃查处违规运输危险化学品问题。

（四）健全完善环境应急体系，切实做好环境应急工作

组建陕南环境应急中心和应急物资储备中心。健全完善市、县区、企业各级环境应急预案、应急机构、人员队伍和专家库，建立健全环境监测预警机制和政府、部门、企业环境应急响应机制，加强应急物资储备和日常应急演练，提高应对和处置突发环境事件的能力。在应对突发环境事件时，切实做到"五个第一"，即：第一时间报告信息，确保信息研判准确、上报及时；第一时间赶赴现场，采取有效措施控制事态发展，最大程度减轻事件危害；第一时间开展监测，为科学处置提供决策支持；第一时间组织开展调查，迅速查明事件原因；第一时间发布信息，正确引导舆论。

（五）加大国家投资力度，强化水污染防治资金保障

按照"谁保护谁受益、谁使用谁补偿"的原则，加强对汉江水污染防治资金保障。国家层面要加大生态补偿转移支付力度，每年以不低于 20%的增长幅度安排当年生态补偿资金。加大对水污染防治基础设施建设的投入，将水源保护区重点镇"两厂（场）"列入国家"十三五"规划。国家、省安排的环保扶持资金，不应要求贫困地区配套资金。国家安排产业发展专项资金，扶持水源保护区加快产业结构调整，同时对关停企业给予适当的补偿。调水地区要与水源地建立帮扶机制，对水源地生态环境保护工作积极扶持，在资金项目方面予以大力支持。水源保护区各级政府要建立环保投入保障机制。将"两厂（场）"基本运转经费列入同级财政预算，确保正常运转。建立完善排污权有偿使用和交易制度，将排污权有偿使用资金专项用于环境保护。鼓励、引导社会和民间资本投资环保工程建设

和运营。采取以奖代补的办法，对护水有功的县区和部门进行奖励。

（六）深入开展环保宣传，形成齐抓共管合力

坚持贴近实际、贴近群众、贴近生活的原则，广泛深入地开展生态环境文化进机关、进学校、进企业、进社区、进村镇、进家庭"六进"活动和纪念"六·五"世界环境日活动。加强新修订的《环境保护法》的宣传，将环保法律法规作为"六·五"普法的重要内容。大力倡导节能减排、绿色低碳生活，引导社会公众自觉参与、支持、监督汉江水质保护，在全市营造"保护环境人人有责"的浓厚氛围。加强舆情处置，对网络媒体反映的环境问题早发现、早报告、早处理、早回复，千方百计把矛盾化解在萌芽状态。

（七）加强能力建设，为工作落实提供坚强保障

加强监察监测能力建设，推进环境监管智能化。做好污水处理厂、黄姜皂素、重金属等 40 家重点企业在线自动监测设施建设，建立健全市、县区环境监察监测信息中心，实现国家、省、市、县、企业五级联网。认真做好汉江水质监测，对汉江重要断面、重要支流安装在线监测装置，实时掌握企业排污和水质状况。加强环保队伍建设。以开展党的群众路线教育实践活动为抓手，加强政治理论、环保政策法规、业务知识学习，着力改进"四风"问题，转变工作作风，不断提升环保干部政治素质和履职能力。

（八）健全工作机制，严格目标考核和责任追究

在县区实行"河长制"，对汉江实行网格化管理。建立健全"政府负总责、部门分工负责、环保部门居中协调督导"的工作机制和"纵向考核县区、横向考核部门"的考核机制，将汉江水污染治理、河流断面水质监测结果和《汉江水质保护目标责任书》完成情况纳入县区和部门年度目标考核。对工作开展情况和水质监测结果每季度通报一次，年底按照"水质好转、维持现状、水质恶化"三种情况确定考核结果，考核结果作为领导干部政绩考核和选拔任用的重要依据。对没有完成任务的单位和责任人员，严格追责，不得评优评先；对渎职、失职造成水污染事故的，严格行政问责；构成犯罪的，由司法机关依法追究刑事责任。

渭河流域陕西段水污染现状与应对措施

陕西省杨凌环境保护局　　薛增召

摘　要： 陕西省渭河流域水污染防治三年行动方案实施以来（2012—2014 年），根据 2012 年、2013 年渭河 14 个断面水质数据分析，主要污染得到有效控制，水质总体有所好转，渭河咸阳至西安段形势依然严峻，治理工作还需进一步加强；结合目前渭河陕西段水质情况，提出了以综合整治、强化支流治理、深化水资源管理体制改革以及强化农业面源污染治理等水污染控制措施。
关键词： 渭河　水污染　治理　断面

渭河发源于甘肃省渭源县鸟鼠山，是黄河的最大支流，在关中平原蜿蜒 502 km，自西向东流经陕西的宝鸡、杨凌、咸阳、西安、渭南 5 市（区），灌溉八百里秦川。渭河流域面积占陕西省总面积的 1/3，集中了全省 64%的人口、56%的耕地、72%的灌溉面积和 65%的生产总值，对陕西经济发展有着举足轻重的作用。渭河流域不仅是陕西经济的核心地带和主要支柱区，而且在西部地区社会经济发展中具有重要的战略地位和作用。

随着经济社会的不断发展，目前渭河流域存在着水资源总量不足、供需矛盾突出、水污染治理任务重、水环境有待进一步改善、水土流失未得到有效遏制等问题，严重制约了流域经济社会的可持续发展。加强渭河流域水资源的开发利用和管理，合理高效地利用好流域水资源，对促进流域尤其是关中地区经济和社会的协调发展具有十分重要的作用。

一、陕西省渭河流域水污染现状

（一）"十一五"末渭河陕西段水质状况

渭河横贯关中地区，大量未经处理的工业废水和生活污水的直接排入，使渭河深受其害。2011 年初统计数据显示，渭河干流有 69.2%河段超过水域功能区划标准，13 个监控断面中有 9 个仍属劣 V 类水质。氨氮已替代化学需氧量成为首要污染因子，平均浓度达 5 mg/L，远远超过地表水 V 类水质标准（2 mg/L）。特别是渭河的咸阳、西安段，接纳了 65%的污染物排放总量，6 个监控断面水质均为劣 V 类。直接影响渭河水质的主要支流中漆水河（含小韦河）、新河水质仍然污染严重，其主要污染物化学需氧量浓度高达 200～400 mg/L，氨氮浓度 10～26 mg/L。北洛河、灞河、临河水质也超过 V 类标准。随着关中城市群及城镇化的快速发展，主要污染物排放将呈 10%左右的速度递增，渭河水质改善面临巨大压力。

（二）实施渭河水污染防治三年行动计划污染物治理情况

2011 年 12 月，陕西省人民政府第 21 次常务会议已经通过了《渭河流域水污染防治三年行动方案（2012—2014 年）》，开始了新一轮渭河水污染治理工作，提出了用三年时间消灭劣 V 类水体，使渭河入黄断面水质达到 IV 类，达到水质三年变清的目标。两年来，通过综合整治、源头预防、防控结合、生态修复，严把环境审批关，强制淘汰落后产能，加快治污设施建设与提标改造等系列措施；削减污染物入河总量，水质得到明显改善。截至 2014 年 4 月，列入《陕西省渭河流域水污染防治三年行动方案（2012—2014 年）》的 225 个治理项目（不含 31 个监测能力建设项目）已累计实施 209 个，占项目总数的 93%；完成 168 个，占项目总数的 75%。其中淘汰关闭企业项目 33 个，企业深度治理项目 53 个，新、扩建污水垃圾处理设施项目 63 个，污水处理厂提标改造项目 52 个，农业面源污染治理项目 10 个，渭河生态湿地项目 10 个，渭河沿岸造林项目 4 个。2013 年，潼关出境断面全年总体评价由劣 V 类变为 V 类水质，渭河干流水质的总体评价由 2012 年及以前的重度污染变为中度污染。但是，目前总体形势还不容乐观，虽然渭河干流水质由重度污染变为中度污染，但也只是劣 V 类断面减少了 1 个，14 个国控断面中还有 5 个是劣 V 类水质，皂河、尤河、小韦河、新河等主要支流污染仍很严重（如图 1、图 2 所示）。

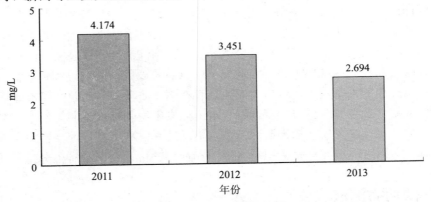

图 1　渭河支流氨氮（NH₃-N）趋势图（2011—2013）

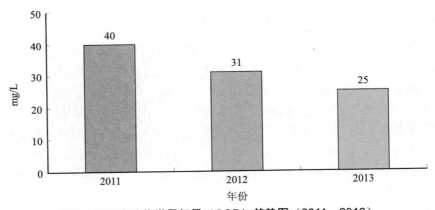

图 2　渭河支流化学需氧量（COD）趋势图（2011—2013）

（三）渭河流域陕西段水污染原因

1. 工业污染结构性特点突出

据 2010 年全省污染源普查显示，工业污染占渭河污染总量的 23%。陕西省造纸、化工、饮料加工等涉水重污染行业几乎全部集中在渭河流域。

2. 生活污水处理达标率低

生活污染占渭河总污染量的 42%。目前，关中地区的污水处理率仅为 68%，低于 77%的全国平均水平。

3. 农业面源污染加剧

农业面源污染占渭河流域总污染量的 35%左右。据全省污染源普查显示，农业主要污染物 COD 排放量为 12.57 万 t，氨氮为 0.67 万 t。

4. 生态基流不足

渭河流域人均水资源占有量仅为全国平均水平的 1/6，且全年 60%以上水量集中在丰水期。枯水期渭河干流水基本为生活和工业废水的综合，生态水严重不足。

二、渭河陕西段水资源管理现状及存在的问题

（一）河道生态水量不足

据有关资料统计，渭河流域河川径流量 100.4 亿 m^3，人均占有河川径流量 308 m^3，相当于黄河流域人均亩均占有水量的一半。水资源总量不足，承载能力有限，属资源性缺水地区。此外，渭河流域降水多集中在夏秋两季，年内 6—10 月集中了全年 60%的降水和 70%的径流。渭河宝鸡峡林家村引渭工程近 10 年平均年取水量 4.83 亿 m^3，占河道水量的 49.07%。平时河道生态水量甚少，河流稀释净化能力较低。

（二）渭河咸阳段至西安段污染情况最为严重

渭河进入陕西的第一个断面即宝鸡的林家村断面水质为 II 类水质，到宝鸡常兴桥断面（杨凌境内）水质能达到 II 类，稳定保持在 III 类，而到咸阳的兴平断面至西安天江断面水质污染程度非常严重，是 14 个国控断面中最差部分，主要污染指数有氨氮、高锰酸盐、挥发酚、COD、DO、BOD（如图 3、图 4 所示）。

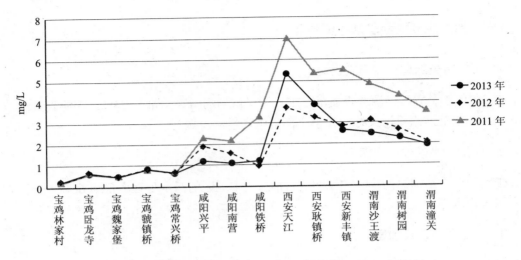

图3 渭河三年行动氨氮（NH₃-N）水质改善图（2011—2013）

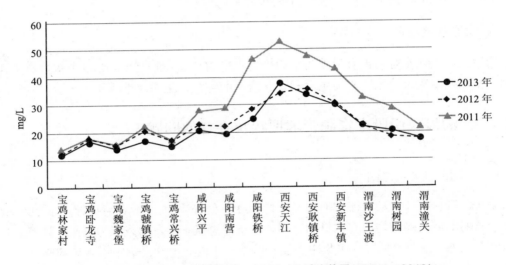

图4 渭河三年行动化学需氧量（COD）水质改善图（2011—2013）

（三）缺乏统一管理，利用不合理

到目前为止，渭河流域缺乏指导性的水资源利用规划，没有形成统一协调的水资源管理体制。地表水和地下水分属不同的管理部门，水资源得不到合理开发和有效保护，导致对各区域规划的审批管理和监督难以到位。流域内水资源的开发利用中，存在着重开源轻节流和保护，重经济效益轻生态环境保护的现象，导致国民经济与生态环境之间、地区之间、上下游之间水资源供需失衡。

（四）水资源浪费严重

现行的灌区管理体制和用水机制成为节水的主要障碍。主要体现在以下几个方面：

（1）灌区管理单位大多属于自收自支单位，其经济来源主要依靠水费收入，灌区为了获取经济效益保障职工工资和福利，往往鼓励多用水。

（2）灌区水费计量以斗口水量为准，斗以下末级管理体系体制不顺、机制不活，加之投入严重不足，农业灌溉仍沿袭传统的大水漫灌，灌区节水也多采用干支渠道衬砌方式，措施单一，水利用效率低，水量损失严重。

（3）由于考虑到农民的价格承受能力，农业灌溉水价成本倒挂，导致人们节水意识不强，不利于节水机制的形成。

三、渭河陕西段水污染综合治理对策及建议

（一）严格环境执法，充分发挥污水处理设施效能

近年来，渭河流域陕西段相继建成了 40 座较大规模的污水处理厂，54 座污水处理设施相继进行了提标改造，达到了黄河（陕西段）污水排放标准，如何更好地运行、充分发挥其治污效益，是关键问题。要加强城市污水处理厂运营监管、确保其正常运行。环保部门要继续坚持铁腕执法不放松，对环境违法行为零容忍。

（二）加强对渭河流域重点支流的治理

从现状看，渭河污染主要由几条重点支流的污染所致，要使渭河干流水质改善，实现干流的水质控制目标，规划期内必须突出抓好渭河支流的污染治理。要按照源头抓起、支流治理、干流控制的原则，抓好十条支流的污染治理和水质控制，以支流水质的改善带动干流水质的改善。对一些沿线重污染企业要逐步关停。

（三）深化水资源管理体制改革

加快推进水资源管理体制改革应成为水资源管理工作适应经济社会可持续发展的基本要求。渭河干流陕西段"十二五"水功能区达标率不低于 60%，因此，要研究建立渭河流域水资源一体化管理的新模式。以流域为单元，对流域内地表水和地下水开发利用统筹安排、统一规划，制定水资源开发利用、保护治理、节约用水的措施，实现水资源的良性循环和可持续利用。

（四）加大生态补偿工作力度

《陕西省渭河流域水污染补偿实施方案》从 2010 年 1 月 1 日起正式实施，渭河出境水超标当地政府对下游进行流域补偿，以经济手段促进渭河治理，此项工作有力促进了污水治理工作的有效进行。今后还应加大力度，使政府对此项工作更加重视，防治工作进一步上台阶。

（五）提高灌溉水利用效率

节水是解决水资源短缺的根本措施。据 2011 年陕西水利统计年鉴，2011 年沿渭各市

（区）用水总量为 50.68 亿 m^3，其中农灌用水为 26.18 亿 m^3，农灌用水占到用水总量的 51.7%。而灌溉水利用系数仅为 0.50 左右，农灌节水潜力巨大。应通过调整农业结构，发展节水灌溉农业，制定合理的灌水定额，通过暗管输水渠道衬砌，发展微灌喷灌等，减少用水浪费，大大降低农灌用水中的损耗，真正提高水资源的利用率。

（六）加强面源污染控制

农业的面源污染是造成氨氮污染指数升高的主要原因。因此，应采取有效措施降低和控制关中地区农业面源污染的负荷。如：①推广、采用各种类型的"持续农业"耕作法，减少土壤侵蚀，使排入渭河的泥沙沉积物减少，从而减少化肥中氮、磷流入水体的量，防止渭河水体富营养化；②改善施肥方式，减少肥料流失；③加强土壤和化肥的化验和检测，科学定量施肥；④调整化肥品种结构，加强开发生态肥料与农药，开发和推广土壤及作物的固氮、固磷技术，鼓励使用有机肥，减少常规化肥的使用量。

（七）增加生态基流

将生态基流保障与湿地建设相结合，进一步降解稀释污染物。其一，加快引汉济渭调水工程及其他重大水利工程，合理调配水资源。其二，在枯水期关闭渭惠渠、高干渠沿岸小型水利发电站，使"物归原主"。在确保生活、工业、灌溉用水的基础上，尽量保障渭河生态基流，弥补生态水不足。

郑州市贾鲁河水污染现状分析及治理对策

河南省郑州市环境保护局　郑淑敏

摘　要: 郑州市贾鲁河是淮河的二级支流，其流域范围和地理位置决定了其在淮河治污中重要的地位，欲清淮河必先清贾鲁河。而随着郑州市的经济发展，贾鲁河的水质状况日趋复杂，污染程度日趋加深，所以治理贾鲁河就成为了刻不容缓的任务。本文首先阐述了贾鲁河的水质现状，其后分析了贾鲁河水污染原因，最后提出了五项综合治理对策。

关键词: 贾鲁河　水污染　现状　治理

贾鲁河属于淮河流域沙颍河水系颍河支流，是淮河的二级支流。发源于新密市白寨镇的圣水峪和二七区的冰泉、暖泉、九娘庙泉，由南向北流经郑州市郊西南部后，被常庄、尖岗二水库截流，在西流湖下游先向北，然后折向东沿郑州市区北郊进入中牟境内，从中牟县出郑州市，经开封市，至周口市区汇入颍河，最后注入淮河。贾鲁河全长 255 km，全流域面积 5 896 km²，流域面积占沙颍河的 1/7、淮河的 1/46，而污染负荷约占沙颍河的 1/3、淮河的 1/9，故有"欲治淮河必治沙颍河；欲治沙颍河必治贾鲁河"的共识。

贾鲁河郑州段流经新密市、荥阳市、郑州市区、中牟县，郑州境内河长 110 km，占贾鲁河全长的 43%，流域面积 2 750 km²，占贾鲁河流域总面积的 47%。贾鲁河郑州段无天然径流，主要接纳城市污水与农灌退水。主要支流有索须河、魏河、七里河、东风渠、金水河、熊耳河、潮河等。

郑州市位于贾鲁河上游，中原经济区、郑州航空港综合实验区等国家战略的实施，意味着郑州市将进入跨越式发展阶段，随之而来的是更大的水环境压力。2007 年，环境保护部周生贤部长在视察郑州市辖淮河流域污染治理时曾说："治理贾鲁河是对郑州市环境执政能力的考验。贾鲁河治理好后，郑州市就解决了治淮的一块'心病'，城市品位也将在现有基础上提升一个档次，才有希望进入环保模范城的行列。"贾鲁河水污染是公众关注的热点问题，是横亘在郑州市创模之路上的鸿沟，是制约郑州市社会经济健康发展的瓶颈性问题。

一、贾鲁河水质现状

郑州市贾鲁河设置有省控考核断面，为贾鲁河中牟陈桥断面。自"十一五"以来，在全市经济高速发展、城区人口大幅增加的压力下，贾鲁河水质已有大幅改善。与 2005 年相比，2013 年贾鲁河中牟陈桥断面 COD 浓度年均值由 76.4 mg/L 降为 39 mg/L，氨氮浓度年均值由 22.36 mg/L 降为 4.22 mg/L，分别下降了 49.0%和 81.1%。

就目前贾鲁河水质而言，距地表水要求和考核目标要求还有较大差距。贾鲁河水体功能区划为地表水四类；贾鲁河中牟陈桥断面"十二五"水质目标为氨氮浓度≤3 mg/L，其余指标达到地表 V 类水标准；2014 年省考核目标是氨氮浓度≤3.5 mg/L，其余指标达到地表 V 类水标准，达标率 70%以上。2014 年前 5 个月，贾鲁河中牟陈桥断面 COD 浓度均值为 45.9 mg/L，氨氮浓度均值为 6.69 mg/L，达标率为 0，水污染治理形势非常严峻。

二、贾鲁河水污染负荷解析及原因分析

（一）贾鲁河水污染负荷解析

根据郑州市环境保护监测中心站 2011 年和 2012 年监测数据，郑州市环境保护科学研究所对贾鲁河水污染来源进行了解析。

从 2012 年郑州市区污染物排放总量来看，生活源化学需氧量、氨氮排放量分别为 15 054 t/a、6 225 t/a，占市区排放总量的 63.8%、92.5%；工业源化学需氧量、氨氮排放量分别为 1 182 t/a、119 t/a，占市区排放总量的 5%、1.8%；农业源化学需氧量、氨氮排放量分别为 7 362 t/a、384 t/a，占市区排放总量的 31.2%、5.7%。

从贾鲁河中牟陈桥断面污染物构成来看，2011 年和 2012 年贾鲁河中牟陈桥断面 COD、氨氮主要来源于未处理生活污水，已处理生活污水也占有较大份额。

2011 年 COD 排放总量中，未处理生活污水占 52%，已处理生活污水占 19%，工业废水占 7%；氨氮排放总量中，未处理生活污水占 60%，已处理生活污水占 33%，工业废水占 4%。

2012 年 COD 排放总量中，未处理生活污水占 44%，已处理生活污水占 25%，工业废水占 7%；氨氮排放总量中，未处理生活污水占 57%，已处理生活污水占 34%，工业废水占 6%。

贾鲁河流域污染负荷分析显示，贾鲁河中牟陈桥断面 COD、氨氮主要来源于未处理生活污水，其次是已处理生活污水，生活污水已成为贾鲁河水体污染的首要污染源。

（二）水污染原因分析

1. 污水处理能力不足

随着郑州市经济社会的快速发展和城镇人口的急剧增加，污水排放量快速增长，而污水处理厂及污水管网建设不能满足需要。根据调查情况，郑州市城区污水排放量约 140 万 t/d，4 个污水处理厂处理能力为 100 万 t/d（王新庄 40 万 t/d，马头岗 30 万 t/d，五龙口 20 万 t/d，陈三桥 10 万 t/d），目前全部超负荷运行，实际处理量接近 120 万 t/d，每天仍有近 20 万 t 生活污水未经处理直接溢流排入贾鲁河。

2. 污水处理厂排放标准较低

郑州市 4 个污水处理厂中，陈三桥污水处理厂和五龙口污水处理厂二期工程执行《城镇污水处理厂污染物排放标准》一级 A 标准，马头岗污水处理厂和五龙口污水处理厂一期工程执行一级 B 标准，出水水质相对较好，但王新庄污水处理厂执行二级标准，氨氮排放浓度较高，特别是冬季出水水质更差，对贾鲁河水质影响较大。即便污水处理厂执行一级 A 标准（COD≤50 mg/L、氨氮≤5（8）mg/L），达标排放的水质仍满足不了贾鲁河水质目标要求。

3. 贾鲁河自然禀赋较差

受自然因素所限，贾鲁河无天然径流，水体主要是由流域内工业废水、城镇生活污水等构成，水体自净能力差。虽然采取了建设生态水系、实施引黄补源等措施，但由于受客观条件制约，难以满足贾鲁河生态改善的需要。

三、综合治理对策

根据贾鲁河水质现状和目标要求，贾鲁河综合治理措施主要从污水治理、面源整治、源头控制、生态修复、加强监管五个方面着手。

（一）强化污水治理

1. 强化生活污水收集处理

加快城区污水处理厂建设是改善贾鲁河水环境质量的首要措施。截至目前，郑州市城区污水处理能力为 100 万 t，正在建设的南三环污水处理厂（10 万 t/d）、马寨污水处理厂（5 万 t/d）和马头岗污水处理厂二期工程（30 万 t/d），将分别于 6 月底、9 月底建成投运。这 3 个污水处理厂建成投运后，每天新增污水处理能力 45 万 t，处理规模将基本满足郑州市城区污水处理需要。但由于现有的王新庄污水处理厂（40 万 t/d）排放标准较低，只比二级标准稍严，大大宽于一级 A 标准，特别是冬季氨氮浓度明显升高，而该厂的迁建工程郑州新区污水处理厂（65 万 t/d）刚开工建设，并且郑州城区西北部污水靠现有的五龙口污水处理厂处理，随着西部的发展，将难以满足需要，规划的双桥污水处理厂（20 万 t/d）正在办理土地手续，尚未开工建设。在这两个污水处理厂建成投运之前，贾鲁河水质达到"十二五"规划目标还存在较大难度。因此，需重点推进郑州新区污水处理厂、双桥污水处理厂及配套管网的建设，确保 2015 年年底建成投运，贾鲁河水质才能达到"十二五"规划目标。

2. 提高污水处理厂排放标准

从贾鲁河的现状及水质目标来看，在实现污水全收集、全处理的基础上，现有及新建的污水处理厂全部达到《城镇污水处理厂污染物排放标准》一级 A 标准，也不能满足贾鲁河水质目标要求，因此，必须进一步提高城市污水处理厂排放标准。目前，河南省环保厅已基本完成了《贾鲁河流域水污染排放标准》的制定，将于近期颁布实施，要求郑州市城区污水处理厂排放标准达到 COD≤40 mg/L、氨氮≤3 mg/L，其他指标达到一级 A 要求。因此，郑州市必须在做好污水处理厂建设的同时，提前着手准备污水处理厂的提标改造，在"十三五"初期，完成全市污水处理厂的提标改造治理，城区污水处理厂全部达到《贾鲁河流域水污染排放标准》要求，贾鲁河水质才能得到根本的改善。

3. 深化工业污水治理

目前，郑州市区排水工业企业主要涉及食品、啤酒、制药等行业，数量较少，已进行了集中整治，污水全部进行了深度治理，全部达标排放后进入集中污水处理厂进行二次处理。随着经济的快速发展和产业集聚区的建设，工业企业将逐步搬迁，集中至产业集聚区，因此，必须进一步加大工业企业深度治理力度和产业集聚区污水集中处理工程建设，确保工业企业做到达标排放，产业集聚区污水集中处理设施建设到位，运行稳定，杜绝工业污水对水体的污染。同时，对工业企业进一步排查，对污水排放直接入河的工业企业进行治理，能够进入集中污水处理厂的全部达标排放后进行集中二次处理，对不能进入集中污水处理厂的，按照《贾鲁河流域水污染排放标准》的要求，外排污水必须达到 COD≤50 mg/L、氨氮≤5 mg/L，才能直接排放。

（二）整治面源污染

1. 畜禽养殖业污染控制

按照《郑州市畜禽养殖禁养区和限养区划定方案》，严格执行禁养区和限养区的规定，对贾鲁河和市区生态水系干流两岸 200 m 范围内的畜禽养殖场进行关停或搬迁；限养区内严格控制养殖规模，不得新建、扩（改）建畜禽养殖场，严格落实污染防治措施；对其他区域没有畜禽养殖业排污状况进行调查，对分散养殖的小规模畜禽养殖企业进行集中治理或淘汰，鼓励畜禽养殖业向集中化、规模化、产业化方向发展。

2. 农业面源污染控制

农业面源污染已逐步成为流域新的污染源，控制农业带来的面源污染，需要农业科技部门和农业管理部门加强对农作物和土壤研究，根据土壤的不同性质和农作物的不同种类，指导农业生产者正确使用化肥、精确使用农药，以提高农作物对化肥和农药的利用率，减少农田径流带来的化肥和农药的污染。同时应指导农民提高灌溉技术，避免使用漫灌方式，这样既有利于节省水资源，又有利于控制农田径流带来的水污染。

（三）严格控制源头

加强新建项目管理，严格落实总量控制制度，对新建项目提高污染物排放标准，强化水污染治理措施，从源头控制新增污染物排放。对排入污水处理厂的工业企业，执行国家排放标准；对未排入污水处理厂的工业企业，执行《城镇污水处理厂污染物排放标准》一级 A 标准。对生活污染源排放量较大、位置偏远的单位如高校校区、规模小区等，应严格审查污水排放去向，对污水管网不完善、不能排入污水处理厂的，要坚决不予审批，必须完善基础设施建设，确保污水管网配套。对新建项目提倡中水回用设施建设，减少污染物排放。

（四）实施生态修复

贾鲁河水功能区划目标为地表水四类，即 COD 30 mg/L、氨氮 1.5 mg/L，单靠污水处理厂的处理，即使提高排放标准，仍难以达到水功能区划要求，难以杜绝贾鲁河部分河段黑臭的现象。因此，对贾鲁河实施生态修复和补源，建设贾鲁河人工湿地生态处理系统势在必行。

近年来，郑州市持续开展了生态水系建设工作，对城区河道进行了大规模生态治理，依托国家"水专项"，在索须河实施了河道生态治理与修复工程，完成了东风渠引黄供水补源工程和生态水系输水工程，为贾鲁河生态修复奠定了基础。但贾鲁河河道仍未进行生态治理和修复，生态水系引黄补源工程引水量较小，不能满足生态恢复的需要。下一步，应尽快实施贾鲁河生态治理工程，对贾鲁河河道进行清淤疏浚，对河岸进行生态治理与修复，彻底改善贾鲁河水质和生态环境；建设牛口峪提水工程，从源头向贾鲁河补源，使河道清水长流，恢复生态功能；在贾鲁河建设大型湿地，对河水实施生态再处理，确保贾鲁河水质达到地表水Ⅳ类。

（五）加强环保监管

1. 强化工业企业环境监管

在对市控以上重点排水企业实施自动监控的基础上，加强对重点排水企业的现场检查和自动监控设施的比对，特别是城镇污水处理厂和产业集聚区污水处理厂，必要时实施环境监察人员专人负责、驻厂监管，确保工业企业和污水处理厂做到稳定达标排放。

2. 加强河流巡查和水质监测

继续实施环境监管"河段长"制，对市区河流明确监管责任到人，持续加强对河流排污情况的巡查，发现问题立即采取措施解决。进一步完善河流水质监测断面设置，多设自动监控断面，对河流水质进行实时监测，及时掌握河流水质变化情况。

3. 完善河流水质超标预警和紧急应对机制

进一步完善河流日常监管监测、水质超标预警、紧急应对等机制。对水质连续超标 2 次的立即进行分析、预警，启动分级响应程序，分析水质超标原因，立即组织进行排查，查找污染源，协调相关部门采取措施，尽快改善河流水质。

二、大气环境篇

坚持标本兼治　注重疏堵结合
全力推进秸秆综合利用与禁烧工作

江苏省连云港市环境保护局　韩尚富

摘　要： 秸秆焚烧不仅危害生态环境和人类健康，对资源利用也是极大浪费。随着我国农村经济的发展和能源供应结构的调整，作物秸秆的综合利用是目前我国优化解决环境问题的重要举措。本文从连云港市开展秸秆焚烧综合治理所做的五项创新工作出发，并对其产生的成效进行全面阐述和总结，同时结合近年来所做的工作和积累的经验，进一步提出今后开展工作的新举措和要求。

关键词： 秸秆焚烧　初步成效　治理措施

近年以来，连云港市秸秆综合利用与禁烧工作在市委、市政府的坚强领导下，在各地区、各部门的精心组织和广大农户的积极参与下，紧紧围绕"不着一把火，不冒一处烟，不污一条河，不黑一块田"的总目标，坚持"全面禁烧、以禁促用，疏堵结合、以用保禁"的方针，秸秆禁烧抓"第一把火"，综合利用抓"最后一把草"，全力推进秸秆综合利用与禁烧工作，各项工作均取得显著成效：秸秆综合利用工作实现新的突破，全市夏季秸秆综合利用率达95.4%；秸秆焚烧火点显著下降，江苏省通报的88处火点中连云港市仅4处火点（去年同期22处），全市空气质量总体处于良好水平。经过两年多的实践，连云港市秸秆综禁工作逐步走向成熟，逐步探索出一条具有连云港市特色的秸秆综禁工作模式，为解决综禁工作难题奠定了坚实基础。自2012年秋季以来，连云港市已连续4个季度被江苏省环委会通报表彰，秸秆综禁工作在全省处于领先地位。

一、主要做法

（一）领导重视要求高

市委、市政府对做好今年的秸秆综禁工作高度重视，超前谋划秸秆综禁工作。市委、市政府主要领导亲自审阅秸秆综合利用和禁烧工作方案，并做出重要指示。4月4日，市政府分管领导组织召开由县区主要负责同志参加的全市秸秆综合利用推进会，重点部署秸秆机械化还田、秸秆综合利用、大马力拖拉机购置以及资金安排等事项，要求各县区把秸秆综禁工作的重点放到综合利用上，力求实现以用保禁。5月27日，市政府召开夏季秸秆禁烧电视电话会议，市政府主要领导要求在强力推进综合利用的基础上，全力做好秸秆禁烧工作，确保全市空气质量不受影响。夏收、夏种期间，市委、市政府主要领导、分管领导亲临一线督导秸秆综禁工作。市人大、政协等也将秸秆综禁工作列入重要议题进行督办，有力推动了各项工作的落实。

（二）统筹组织分工细

为切实做好今年的秸秆综禁工作，在充分调研基础上，根据《全市秸秆综禁工作实施意见》的要求，市环保局牵头与市农委、农机、财政等部门拟定并由市政府印发了《全市夏季秸秆综合利用与禁烧工作方案》《全市夏季秸秆综合利用工作实施方案》、《市级秸秆综合利用与禁烧工作专项资金预算方案》和《秸秆综合利用与禁烧工作考核办法》等四个指导性文件。各县区结合各地实际，编制总体方案和工作方案，全市上下形成了较为完备的秸秆综禁工作方案体系。同时，全市组建市、县区、乡镇和建制村四级综禁工作队伍，完善了分工包片、多级联动、过程督办与结果检查紧密结合的督查推进机制，建立纳入各级财政预算安排、用途明确的专项资金保障体系。这些方案措施和工作体系推动全市秸秆综禁工作水平得到显著提升，这也标志着连云港市秸秆综禁工作逐渐走向成熟。

（三）综合利用措施实

一是狠抓综合利用计划图表编制。今年夏季全市以建制村为单元，组织各县区认真编制综合利用图表，明确标出秸秆还田、综合利用等措施，确保将任务落实到地块和人头，实现了综合利用的"网格化"。二是加强农机源头管理。坚决执行收割茬口控制在 10 cm以下和秸秆粉碎抛撒两条强制性标准。市、县区、乡镇、村四级在入境交通要道设立联合检查站，切实加强"入境"和"入地"两个关口的监管，对不安装粉碎抛撒装置的坚决不准"入境下地"，从源头减轻禁烧压力。三是大力推行机械化还田。根据夏季农时特点，全市各地坚持以秸秆机械化全量粉碎还田为主要利用模式，做到"收割一块，粉碎一块，耕翻一块"，从源头杜绝焚烧隐患。四是拓展秸秆利用渠道。鼓励秸秆经纪人通过饲料化、基料化、原料化、燃料化等途径多渠道消化秸秆。夏收伊始，市政府组织召开夏季秸秆综合利用现场观摩推进会，进一步推进秸秆还田、打捆打包、燃料化利用等综合利用途径。五是畅通运输绿色通道。市综禁办会同公安、交通运输、农机管理及城市管理等部门联合印发 4 000 余份秸秆运输绿色通道通行证，为秸秆运输车辆提供便利。

（四）强化督查考核严

今年连云港市转变督查和巡查模式，坚持督查与巡查合一，由相关市领导担任第一组长，市委、市政府相关秘书长，市人大、政协相关委员会主任以及综禁工作领导小组成员单位主要负责同志任组长，成立 10 个督查巡查组，分片包干县区，加大日常检查力度。从实地检查情况来看，今年夏季各地均将综禁工作责任落实到具体人头、田间，实现了禁烧管控的"网格化"。6 月 13 日，江苏省卫星遥感监测通报连云港市某县发现火点。市、县督查巡查组及时响应，迅速处置，秸秆焚烧火点被严格控制在最小范围，有力地保障了市区空气质量。市纪委对该县相关领导进行约谈，在此基础上，市政府对该县进行了通报批评，决定对其秸秆综禁工作考核实施"一票否决"，全额扣除 50 万元保证金，同时要求县委、县政府严肃处理相关责任人，对出现火点的乡镇党委书记停职三个月，对乡镇政府主要负责人给予行政警告处分，对分管负责人给予党内警告处分，对村支部书记给予党内严重警告处分并予以免职。在严格问责的威慑下，今年夏季，连云港市除该县发现少数火点外，其他县区均未发现秸秆焚烧现象。

（五）注重宣传氛围浓

邀请市广电、日报、晚报、传媒网等多家新闻单位召开秸秆宣传工作会议。各新闻媒体按照会议要求，多角度、多层面、多形式宣传推广各地秸秆综禁工作中涌现的先进典型和经验做法，并强化舆论监督，加大对负面典型的曝光力度，切实营造良好的工作氛围。夏收期间，在日报、晚报等市级主要媒体刊登关于秸秆各类宣传报道 45 篇，印发秸秆综禁工作简报 15 期。同时，各县区按照市禁烧动员会议要求，切实加大宣传力度。各地通过在乡镇重点位置、田间、村头张贴宣传标语，向农户、农机手发放宣传信、告知书，组织农户签订秸秆禁烧承诺书，做到了禁烧宣传全覆盖、综禁要求全知晓。

二、主要成效

（一）夏季秸秆禁烧成效再创佳绩

全市上下认真落实市委、市政府的统一部署，全力做好秸秆禁烧工作，取得了夏季秸秆综禁工作历史最好成绩。根据省卫星遥感监测和路面巡查通报，整个夏收期间全省共通报火点 88 处，连云港市仅发现 4 处（位于 1 个县的 2 个乡镇；去年同期连云港市共发现火点 22 处，分布在 4 个县区的 13 个乡镇）。夏收期间，全市空气质量总体保持良好，没有因焚烧秸秆造成大范围雾霾天气，从根本上扭转了夏季市区空气频受秸秆焚烧影响引发的大范围、长时间雾霾天气的现象。另外，出现秸秆焚烧火点的地区进一步缩小至单个地区，秸秆禁烧的良好成效促进了基层干群思想观念的根本转变，为连云港市今后进一步做好秸秆综禁工作增强了信心，提供了经验。

（二）全市农机装备水平显著提升

通过积极争取，省政府下达连云港市全年秸秆机械化还田目标任务为 266.38 万亩，按照 25 元/亩的补助标准，共争取省级秸秆机械化还田补助资金 6 659.5 万元；争取国家、省级农机购置补贴资金 1.8 亿元。据统计，整个夏收期间全市共投入大中型拖拉机及配套还田机 8 224 台（套），其中新增 1 393 台（套）；新增水稻插秧机 4 280 台，完成水稻机插秧面积 60 多万亩；全市成立农机合作社 340 个，机械化还田连片示范区 98.64 万亩；开展各类技术培训班 140 余期，培训技术员、农机操作手 5 400 多人；发放 2014 年秸秆机械化还田省级作业补助政策《致农民朋友的一封信》2 500 余份。通过积极推动，全市农机装备水平实现重大突破，为今后推动大面积秸秆还田打下厚实基础。

（三）秸秆综合利用实现重大突破

面对夏季秸秆量大、利用途径少等现实难题，连云港市选择将秸秆机械化还田作为夏季秸秆综合利用的主渠道。各级财政在资金紧张的情况下，安排专项资金用于群众秸秆还田作业补贴。在全市范围内积极推广"收割—粉碎—还田"一条龙作业模式，大大地减轻了看管压力，取得了明显成效，实现了秸秆还田的历史性突破。全市各地农机手、农户通过去年夏季的实践，基本掌握了夏季还田要领，并从思想、行动两个方面接受了秸秆还田。扎实推进秸秆收储利用体系建设，建立"五有"综合利用企业（合作社）97 个，机械化还田连片示范区 98.64 万亩，综合利用示范区 35 万亩，秸秆打包收储利用 11 万 t。收储打包的小麦秸秆主要用于生物质发电、造纸原料、生物质板材、食用菌基料及果园覆草，其中灌南县的保丽森生物质制板企业、裕灌食用菌企业及东海县欣源秸秆合作社出口韩国作为食用菌基料项目均取得了良好的经济效益。

（四）"四沿"区域结构调整得以逐步优化

今年上半年全市完成"四沿"区域土地流转及农业结构调整 15.46 万亩，其中市区 2.87 万亩，推进土地向大户、农场和企业集中，推进规模化发展花卉苗木、设施农业、水产养殖，提升了现代农业集约化发展水平，增加了现代农业发展活力。据统计，全市今年上半年发展花卉苗木 4.45 万亩、规模养殖 1.99 万亩、设施农业 1.47 万亩、高效农业 3.86 万亩。其他农业经营项目 1.05 万亩、催生了农业经营大户 823 个、家庭农场 13 个、农业企业 61 个。

（五）农业组织化程度再上新的台阶

今年夏季，在各级政府及村两委的精心组织下，连云港市农业生产出现以乡镇统筹组织、建制村为单元整村梯度推进的显著变化。针对农业机械不太充足及农户分散收种难以步调一致的状况，全市绝大多数乡镇统筹调度农业机械，重点针对规整大块麦田实行统收统种，保证及时足量调水还田。部分乡镇、建制村将土地承包给农业（农机）合作社统一作业，提高农机化作业水平。全市涌现了以云台山景区云台街道"一收二还三定点"、海州区锦屏镇"收割—粉碎—还田"一条龙作业模式、赣榆县海头镇农机"双集中"、新浦区浦南镇与灌南县田楼镇"统收统耕"、灌云县侍庄乡秸秆市场化清运模式等为代表的农业生产高度组织化乡镇。这种高度组织化推进的做法有效提高了作业效率，减少了人员看管难度，解决了千家万户、各自为政、难以管理的难题。这对今后各地秸秆综禁工作有着十分重要的借鉴意义。

连云港市夏季秸秆综禁工作取得了显著成效，但我们也清醒地认识到在少数地方、部分环节还存在重视不到位、推进不到位、落实不到位等问题。主要表现为个别地区对秸秆综禁工作宣传不到位，部分乡村对于全面禁烧的要求执行不到位，思想上不坚定，存在畏难情绪；部分地区对农机购置特别是大马力拖拉机的配备仍然不到位，不能确保实施收割—还田"一条龙"模式，从而发生秸秆焚烧现象；还田作业补贴不能完全实现应补尽补，对秋季秸秆综禁工作带来很大隐患。

三、今后措施

（一）深入总结综禁经验做法，进一步提高综禁工作质量

连云港市秸秆综禁工作经过两年全过程推进，进一步完善了综禁措施，建立了推进模式，积累了工作经验，锻炼了综禁队伍。特别是在总结去年夏季经验教训的基础上，经过今年夏季的实战，综禁工作的薄弱环节和突出问题在较大程度上得到较好解决。市综禁办在对各县区深入调研的基础上形成高质量的调研报告，认真总结秸秆综禁工作经验教训，抓紧完善相关综禁工作措施。同时，推动各县区、各有关部门结合实际进一步加大工作力度，争取在今年秋季秸秆综禁工作中提高质量，坚决避免部分薄弱地区破坏全市秸秆综禁大局。

（二）及早谋划秋季秸秆综禁工作，统筹推进务求落实到位

今年夏季秸秆综禁虽然取得了明显成效，但是千万不能掉以轻心，要充分认识秋季综禁工作时间长且雾霾天气易发的特殊情况，特别是针对重点地区、薄弱环节，务必要提前谋划，周密准备，制订方案，落实责任，做到事事有工作要求，事事有时间节点，事事有人负责，事事有人督查。加快编制秋季秸秆综合利用与禁烧工作方案，并牵头组织农业部门编制秋季综合利用实施方案，并推动各县区加快制定相应的工作方案，早做打算、提前准备。

（三）充分利用草帘产业优势，大力提高秸秆综合利用水平

连云港市草帘编织产业年消耗水稻秸秆 200 万 t 左右，全市水稻秸秆总量 180 万 t 左右。各县区应充分发挥连云港市草帘编织产业这个得天独厚的优势，围绕水稻秸秆进入草帘编织产业链条开展宣传动员、半喂入式收割机增置、秸秆经纪人培育等环节准备工作，让广大群众心里有底，让广大基层干部开展基础工作更有针对性。

多措并举 加强机动车尾气污染防治

——扬州市机动车尾气污染防治现状与对策

江苏省扬州市环境保护局 姚江潮

摘 要: 近年来,汽车尾气已成为我国大气污染的主要来源之一。本文通过对我国机动车污染防治工作历程三个阶段的回顾,分析了扬州市机动车尾气污染防治的现状,总结提出扬州市在治理机动车尾气方面所存在的三个问题,结合实际工作提出了下一步的治理对策和建议。

关键词: 机动车尾气 空气污染 现状问题 防治措施

随着灰霾天气的增多,$PM_{2.5}$逐渐走进人们的视野并成为全社会关心的热门话题,与$PM_{2.5}$密切相关的机动车尾气污染也越来越受到人们的关注和重视。近年来,随着经济社会的快速发展,汽车保有量迅速增加,对大气造成的污染也日益严重,机动车尾气污染已成为城市空气污染的主要元凶之一。因此,加强机动车污染防治,已经成为各地大气污染防治工作的当务之急。

一、我国机动车污染防治历程

改革开放 30 多年来,我国机动车污染防治工作经过了三个阶段:

——2000 年以前处于起步阶段,机动车保有量总体较低,机动车污染物排放量与汽车保有量呈线性关系增长,机动车环保管理工作逐步引起重视;

——2000—2009 年进入快速发展阶段,国家重点加强了对新车生产环节的管理,不断完善机动车环保法规、标准体系,2000 年实行机动车国 I 标准,2007 年实行国Ⅲ标准(2011年实行国Ⅳ标准),7 年内实现了机动车国 I 标准到国Ⅲ标准的升级,缩小了与发达国家排放控制水平的差距,2009 年,新生产轻型汽车的单车污染物排放量比 2000 年下降了 90%以上,机动车污染物排放量增速有所减缓;

——2009 年至今为全面管理阶段,以出台《机动车环保检验合格标志管理规定》为标志,将机动车尾气纳入"十二五"氮氧化物总量减排体系,发布《中国机动车污染防治年报》,印发《关于加强机动车污染防治工作,推进大气 $PM_{2.5}$ 治理进程的指导意见》,完善了在用机动车环保监管制度,在全国范围内实行统一的机动车黄色和绿色环保标志管理,推进机动车环保定期检验工作,同时,《重点区域大气污染防治"十二五"规划》和《大气污染防治行动计划》明确了机动车污染防治的原则、目标、计划和措施,加快了"黄标车"淘汰进程，强化了车用油品提档升级、环保管理和油气污染治理工作。

二、扬州市机动车尾气污染防治现状

　　根据扬州市公安车辆管理部门统计，截止到 2014 年 4 月底，全市机动车保有量约 92 万辆（其中汽车约 49 万辆），市区机动车保有量约 44 万辆（其中汽车 22 万辆）。参照环境保护部有关统计方法测算，2013 年全市机动车排放一氧化碳 18.0 万 t、氮氧化物 1.77 万 t、碳氢化合物 1.13 万 t、颗粒物约 0.15 万 t。我们发现，虽然近年来随着污染减排工作的不断深入，扬州市氮氧化物排放总量逐年下降，但机动车排放的氮氧化物却逐年提高，占全市氮氧化物排放量的份额也由 2009 年的 14.8%提高到 2013 年的 20%以上。其中，载货汽车和低速载货汽车虽仅占机动车保有量的 6%，却贡献了 72.7%的总颗粒物和 63.8% 的氮氧化物；在载客汽车中，5.4%大中型客车贡献了 98.1%的总颗粒物、78.7%的氮氧化物，因此，在全面开展机动车污染防治工作的基础上，加强以柴油为燃料的载货汽车和大中型客车的尾气污染防治应该成为机动车污染防治工作的重中之重。

　　扬州市机动车尾气污染防治工作与全国基本同步，以 2009 年为界分为两个阶段，近几年来管理得到迅速加强。

（一）实行机动车环保标志分类管理

　　一是高标准建设机动车尾气检测站。2009 年以来全市规划建设了 8 个尾气检测站，共计检测线 50 条，其中稳态工况法检测线 19 条，实现了县市区全覆盖。二是加强监督管理。2011 年市环保局内部成立了机动车排气污染监督管理中心，加强了对机动车环保检测场站的监管。打造机动车尾气检测监控平台，先后投入资金 70 万元，在全省率先建成了机动车环保检测机构—市环保局信息中心—省环保厅信息中心三级视频及检测数据联网传输平台，具备了检测数据实时上传的能力。三是严格核发机动车环保合格标志。自 2010 年开始实施环保标志以来，截止到 2014 年 4 月底，全市核发环保标志约 61 万张（黄标约 2.5 万张），检测车辆约 45 万辆。其中，2013 年环保检测车辆约 15 万辆，核发环保标志约 20 万张，公安机关对持有环保尾气检测合格报告的车辆，年检时免检尾气。

（二）切实加强高污染车辆的管控

　　一是实施高污染汽车区域限行。实行高污染汽车区域限行是落实环保标志管理制度，控制机动车尾气污染的重要抓手。市环保、公安部门分两批先后对"蜀冈瘦西湖风景区"和"古城区"两个区域实施黄标车或无标车限行。二是严格控制高污染汽车注册登记、转入。自 2012 年 5 月 1 日，对新注册登记和外地转入的轻型汽油车、进口汽车、重型汽油车、柴油车注册登记、转入实施国Ⅳ排放准入制度以来，公安、环保又分阶段联合对重型柴油车、汽油车等实施国Ⅳ排放准入，截止到 2014 年 5 月 1 日，所有新注册及异地转入的车辆全部执行国Ⅳ排放标准。三是鼓励淘汰高污染车辆。出台了《扬州市老旧机动车淘汰省级专项引导资金奖补实施细则》，对于提前淘汰的高污染车辆实行资金补助，鼓励更换环保车辆。截至 2013 年 10 月底，淘汰黄标车 7 000 余辆，核发补助资金 5 万余元。

（三）推进油品升级和油气回收工程

车用燃料是机动车排放污染的源头，实施更严格的机动车排放标准必须有高质量的车用燃料作保障。一是实施车用汽油升级换代。协调中石化、中石油公司，对接油品升级后的供应渠道，在 2012 年 12 月 30 日实施国Ⅳ标准车用汽油的基础上，2013 年 10 月 31 日零时起，全面供应"苏 V"汽油。二是推进实施油气回收工程。对全市 230 个加油站、16 辆油品储运车、5 个油库推行油气回收改造，目前已基本完成改造任务。

（四）大力推进城市绿色公交

城市公交车尾气的排放不但"贡献"了相当数额的污染物总量，也直接代表着扬州城市的形象。2009 年以来，扬州市将治理公交车"冒黑烟"现象列入为民办实事项目重点推进。市公交公司通过更换国Ⅲ发动机、检验油泵嘴、更换三元催化器等措施，共计整治"冒黑烟"车辆 456 台，并购置了 3 台尾气检测仪，定期自检，"冒黑烟"现象明显减少；加快公交车升级换代，近 3 年来投入近 2 亿元，购置符合环保要求的新车 400 多台，淘汰老旧公交 118 辆；引进节能环保公交车，2013 年投入近 4 000 万元，购置 40 辆环保节能型公交车，文昌路建设了快速公交专用车道。

三、存在的问题和不足

总体上说，虽然在机动车环保管理工作上取得了一定进展，但由于这是一项新兴的管理工作，没有现成的经验可循，与很多其他地区一样，扬州市在治理机动车尾气方面主要存在三个问题：

（一）机动车尾气超标查处力度不够

虽然市区设立了古城区和风景区两个高污染车辆限行区域，但是由于路上查处力度不够，黄标车、无标车随意进入限行区比较普遍，这也是导致机动车检测率和标志发放率不高、黄标车淘汰进度缓慢的重要原因。

（二）机动车环保管理能力不足

江苏省有 9 个省辖市先后成立专门的机动车排气污染防治监管机构，而扬州市在 2013 年 5 月刚刚获批专门管理机构，但没有增加编制（以前仅内部挂机动车管理中心牌子，但却需要承担核发大量环保标志、办理异地车辆转入手续、日常监督管理等繁重职责）。

（三）黄标车淘汰力度不够

公交车以及其他营运客货车等高频率营运车辆，由于存在长期超载、超负荷使用等情况，维护保养跟不上，尾气超标现象相对突出。老旧车辆淘汰补助资金低，目前淘汰 1 辆老旧车辆仅省财政给予补助 1 500 元，市财政并没有配套补助资金，补助力度小导致车主淘汰车辆的积极性不高。

四、下一步对策和建议

机动车尾气污染防治需要"车、油、路"并举，管理工作牵涉到环保、公安、交通、发改委等众多职能部门。作为牵头单位，环保部门应立足本职，强化协调，加强机动车污染防治工作的统一监管，深入开展机动车污染污染物的监测和对策研究，强化机动车环检工作，以翔实、严密的科学结论获取政府的决策支持，以过硬的环检管理赢取相关部门的尊重与配合，以深入浅出的环保宣传争取群众的积极参与。

建议今后重点做好以下几项工作：

（一）加强机动车检测监管

一是加强管理队伍建设，配齐人员、充实力量、建立机构，满足监管需要。二是实行机动车环检场站分级管理，强化对场站尾气检测、治理、发标全过程监管，从资质能力、管理制度等方面全方位评定场站等级。三是狠抓检测现场管理，杜绝篡改检测数据、出具假报告、人情发标等违规现象的发生。四是升级机动车监管平台，完善环保信息数据库，提高软件数据存储、统计、汇总、分析的能力。

（二）健全联合监管机制

进一步加强公安、环保、交通等部门的密切合作。一是严格执行区域限行制度，严查黄标车、无标车擅闯禁区行为。二是开展机动车停放地的监督抽查及路检路查，落实在用车辆环保检验与维修（I/M）制度。三是推行机动车环检与安全性能检验同步，把环检作为机动车安全性能检验的前置条件。四是严格执行机动车强制报废规定，加强对营运车辆报废的管理，对达到强制报废条件的汽车，不予通过审核，强制淘汰。五是逐步扩大限行区域，将限行区域扩大至建成区范围，让超标车辆进一步受限。六是严格管控高污染车辆注册登记和异地转入。

（三）加快淘汰高污染车辆

一是采取加强高污染车辆路检、限行等措施，倒逼黄标车、老旧车加快淘汰。二是商务局等相关部门研究出台老旧汽车淘汰补助配套资金标准，积极引导淘汰。三是加强对报废回收企业的管理，相关职能部门要从源头打击贩卖报废车辆的违法行为，严格汽车报废回收企业的行业管理，坚决杜绝报废车辆二次流入社会。四是对已达一定年限未检的车辆实行强制注销，对一些已经私自变卖交售或无法追回，并且确认不会流入社会的机动车，要求相关单位责任人或车辆所有人写出承担法律后果的保证书后存档，车管部门在机动车登记系统中按照灭失进行统一注销。

（四）推进柴油油品升级换代

汽油、柴油的品质对机动车污染排放量起着决定性作用，超过机动车本身性能对尾气排放的影响。因此，应采取源头治理的思路，在全面供应使用"苏V"汽油的基础上，尽快提升柴油的品质，确保 2015 年年底前全面使用"国Ⅴ"柴油。

（五）倡导节能消费和绿色出行

一是制定鼓励节能环保型小排量汽车发展政策，降低汽、柴油消耗，减少空气污染，促进机动车排气污染防治工作目标的实现。二是优先发展城市公共交通，不断强化和优化公共交通体系建设，提高交通运输效率。三是推广应用新能源汽车，新增公交车辆要购置采用天然气、电等新型能源或者达到国Ⅳ以上排放标准的车型，逐步取代使用柴油燃料等高污染的老旧车型，加快高污染公交车更新和治理步伐。

合肥市大气污染防治工作现状、问题及对策

安徽省合肥市环境保护局 王 斌

摘 要： 随着合肥市经济建设和城市建设的飞速发展，当地大气污染形势十分严峻。文章通过合肥市近年来大气污染防治工作进展回顾，并根据按照空气质量新标准（AQI 指数）评价对合肥市不同地区进行空气质量测评。同时本文从自然条件、人文条件两大方面的六个因素着手分析，对合肥市大气污染源做出初步分析，继而结合《合肥市空气质量达标阶段性工作方案》的相关要求，提出了合肥市大气污染防治工作的七项对策和建议。

关键词： 大气污染 污染防治 建议措施

合肥是安徽省省会，是全省政治、经济、文化和商贸中心，空气质量事关人民群众身体健康、事关生态文明建设、事关城市形象。近年来，合肥市多项措施并举推进大气环境综合整治，但随着经济建设和城市建设的快速发展，大气环境形势依然严峻。客观认识大气污染防治现状，了解大气污染成因，科学提出大气污染防治对策，对于加强和改进全市大气污染防治工作具有重要作用。

一、大气污染防治进展及空气质量

近年来特别是 2013 年下半年以来，合肥市认真贯彻落实国务院《大气污染防治行动计划》和《安徽省大气污染防治行动计划实施方案》，全面打响大气污染防治攻坚战。一是加强污染源治理。燃煤电厂、水泥厂全部完成脱硫或脱硝，马钢（合肥）公司关停稳步推进，化工企业全部退城进园。二是严控扬尘污染。实行建设工程扬尘防治专户管理和拆迁工程扬尘防治保证金制度，在城区二环以内主干道和开发区的重点区域重点路段全面推行水洗作业，增加道路洒水降尘频率，整治预拌混凝土企业和物料、废弃物等堆场，绿化裸露土地。三是淘汰燃煤锅炉。建成天然气利用工程，实施"气化合肥"工程，大力发展太阳能等清洁能源。划定禁燃区，淘汰高污染燃料服务业锅炉。四是加强机动车污染防治。出台机动车排气污染以及黄标车限行等办法，核发机动车环保标识 92.9 万张（次），提前淘汰市级机关事业单位和公交黄标车，出台提前淘汰社会黄标车补偿政策，对黄标车实施一环内限行。五是强化焚烧管控。市级重点禁烧区扩大到 41 个，实行两季秸秆禁烧。取缔炭火烧烤，全面纠正露天焚烧。专项检查餐饮业油烟治理。六是加强空气预测预警。作为列入全国第一批实施空气质量新标准的城市，2012 年年底开展新标准监测并对外发布数据。制定出台《合肥市重污染天气应急预案》，三次启动重污染天气四级预警和响应，社

会反响良好。建立合肥经济圈大气污染联防联控机制。

按照空气质量新标准（AQI 指数）评价，2013 年合肥市空气质量达标率为 49.9%，优11 天、良 171 天，轻度污染 106 天、中度污染 35 天、重度污染 36 天、严重污染 6 天；细颗粒物年均值为 86 μg/m³，悬浮颗粒物年均值为 115 μg/m³，二氧化硫年均值均达到环境空气质量二级标准，二氧化氮年均值达到环境空气质量一级标准。2014 年 1—6 月，合肥市空气质量优良天数 79 天，其中优 7 天、良好 72 天。

按照季节区分，合肥市空气质量在 5—6 月、10—12 月的污染程度较重，5 月中旬至 6月上旬污染主要是秸秆焚烧影响，10—12 月秋冬季节受多雾少雨等气象条件影响，大气扩散条件差，扬尘、机动车尾气、工业粉尘等污染物在低空不断累积，对空气质量造成严重影响。按区域分布，合肥市大气污染由重到轻分别为东部地区、中部和北部地区、南部地区及西部地区。

根据环境保护部发布的《2013 年度中国环境质量公报》，2013 年度全国 74 个实施空气质量新标准监测的城市仅海口、拉萨、舟山空气质量达到标准要求，74 个重点城市空气质量平均达标率为 60.5%，悬浮颗粒物年平均浓度为 118 μg/m³，细颗粒物年平均浓度为72 μg/m³。合肥市空气质量达标率低于 74 个重点城市平均值，细颗粒物年平均浓度高于74 个重点城市平均浓度 17.6%，悬浮颗粒物年均浓度低于 74 个重点城市均值，在中部省会城市处于中间水平。

二、大气污染来源初析

近年来合肥市大气污染防治虽然取得一定成效，但还面临不少问题，总体上大气环境严峻。2013 年度合肥市细颗粒物年均值为 86 μg/m³，悬浮颗粒物年均值为 115 μg/m³，均超过国家二级标准，冬春季节易出现雾霾天气。目前，国内城市大气污染类型正由煤烟型向复合型转变，并呈现出区域性污染特征。大气污染受地形、气象、能源结构、工业结构、交通管理、人口密度等因素影响，下面从这些角度简析合肥市大气主要污染物可吸入颗粒物和细颗粒物的来源。

（一）自然条件因素

合肥的主导风向为东风、东南风，风力较小，由于马钢（合肥）公司等污染企业位于城市的上风向，其排放的烟尘、粉尘通过主导风直接输送到城市市区，还有城市二次扬尘，在风力较小的情况下，难以及时扩散稀释，滞留市区形成污染。

（二）城市扬尘因素

扬尘是可吸入颗粒物的主要来源，随着城市建设的深入推进，合肥市建筑施工、房屋拆迁、道路修建以及渣土堆场等不断增多，据统计，2013 年合肥市共有混凝土搅拌站 118个、储煤场 26 个、港口码头 12 个、物料堆场 11 个、工期一年以上的建筑工地 525 个，且治理工作处于起步阶段，大量施工造成空气中可吸入颗粒物增加，直接影响空气质量。

（三）机动车尾气因素

研究显示，机动车尾气已经成为城市大气污染的重要来源，机动车主要产生一氧化碳、碳氢化合物、氮氧化物、硫化物等污染物，在强烈阳光下发生光化学反应生成二次污染物。目前，合肥市机动车保有量超过 100 万辆，年均增速达 24%，全市黄标机动车近 6 万辆，黄标车大多为物流、客流及作业车辆，污染程度高，淘汰缺乏有效手段，黄标车禁行刚刚启动，机动车排气已经成为城市大气污染的重要来源。

（四）能源结构因素

高污染能源煤炭使用量占城市能源消耗的主导地位。由于集中供热能力有限、管网不配套，城郊和县城分散锅炉普遍存在，市区分散锅炉也不同程度存在。新能源和可再生能源利用程度还比较有限。加油站、油库、油罐车油气污染治理回收尚未全面启动。

（五）工业废气因素

合肥市境内有三大燃煤电厂，市区内有若干热电厂，巢湖、庐江水泥厂和非煤矿山较多，电厂和重点水泥生产线虽已完成脱硫或脱硝，但二氧化硫、二氧化氮污染物排放总量大，水泥、矿山等企业粉尘、烟尘排放量大。据统计，全市需实施工业脱硫脱硝及除尘工程企业 155 家。马钢（合肥）公司为市区最大污染源，虽然关停高炉、转炉，但由于地处城市上风向，对城市空气质量影响较大。

（六）城市环境管理因素

城郊结合部道路破损较突出，道路扬尘污染明显，机械化清扫或湿法作业方式还没有全面覆盖。渣土车遗撒现象依然存在，出门冲洗规定没有完全执行。城区内露天焚烧垃圾或废弃物不同程度存在，非禁烧区秸秆焚烧现象依然存在。餐饮服务和露天烧烤带来的油烟污染不容忽视。

三、对策建议

《合肥市空气质量达标阶段性工作方案》明确，到 2017 年悬浮颗粒物年均浓度从 2012 年的 107 μg/m³ 下降到 80 μg/m³ 以下。作为省会城市，合肥市要按照《合肥市空气质量达标阶段性工作方案》，围绕"一尘两气三厂"（扬尘，机动车尾气、工业废气，火电厂、钢铁厂、水泥厂）的重点，进一步优化产业结构，强化污染减排，加强环境监管，不断改善空气质量，还人民群众一片蓝天。

（一）加大产业结构调整，优化空间布局

大力发展十大战略新兴产业和现代服务业，从源头减少污染产生。严格环境准入标准，严控"两高一资"项目。实施城区内重污染企业搬迁及落后产能企业关停并转，加强重点企业清洁生产审核。强化城市空间管制要求和绿地控制要求，加强生态风道的规划研究，

在城市上风向、城市规划区等禁止新建废气污染严重的建设项目，已建项目结合淘汰落后产能和兼并重组，实行关停并转和搬迁。

（二）以扬尘控制为重点，综合整治城市大气环境

以施工、道路、混凝土搅拌站、堆场、拆迁工地等为重点，统筹各类型扬尘污染控制，拆迁工程推行喷淋等湿法作业，市政工程实行围挡施工，推行密闭运输和封闭堆放，控制道路运输遗撒，扩大道路水洗、机扫作业面积，大力推进住宅产业化。实行夏秋两季秸秆禁烧，严禁废弃物露天焚烧，整治餐饮油烟污染和露天烧烤。开展油气污染回收利用和治理。推进森林增长工程，积极创建国家森林城市。

（三）推广清洁能源，淘汰燃煤锅炉

加快发展集中供热、燃气工程和管网工程，到 2017 年实现所有县市天然气管道供气。实施"气化合肥"工程。积极使用天然气、太阳能等清洁能源，加大非化石能源利用强度。深入推进工业、建筑、交通、商业、公共机构等重点领域节能，控制能源消耗量。落实禁燃区规定，2017 年前淘汰禁燃区内所有使用高污染燃料的锅炉，在城市天然气、集中供热管网覆盖范围内禁止新建燃煤、燃油锅炉。

（四）以黄标车禁行为重点，进一步防治机动车尾气污染

贯彻落实《合肥市机动车排气污染防治管理办法》，分区域、分时段推行黄标车禁行，加快完成机关事业单位黄标车淘汰步伐，通过补贴政策引导社会黄标车提前淘汰，对公交车安装尾气净化装置，查处"冒黑烟"机动车，治理不达标机动车，2015 年完成黄标车淘汰任务。提升车用燃油品质。优先发展公共交通，推广新能源汽车。利用广播、电视、网络、微博等媒介开展宣传，鼓励绿色出行，降低重污染天气下机动车使用强度。

（五）完善工作机制，强化科技支撑

根据国务院办公厅印发的《大气污染防治行动计划实施情况考核办法（试行）》及省有关规定，制定本市大气污染防治考核细则，强化空气质量改善的刚性约束。抓紧落实合肥经济圈大气污染联防联控机制，组织实施联合执法、环评会商、信息共享、预警联动等措施。与中科院光机所等机构合作开展大气污染源解析及灰霾形成机制研究，为大气治理提供科技支撑。

（六）加强法制建设，严格环境监管

结合《安徽省大气污染防治条例》，积极开展《合肥市大气污染防治条例》修订。加强重污染天气应急管理，依据重污染天气的预警等级，及时启动应急预案。学习宣传贯彻新修订的环保法，保持对环境违法行为的高压态势，运用暗查和突击检查方式，实行"不定时、不打招呼、不听汇报、直奔现场、直接督查、直接曝光"的检查，对不能稳定达标的一律停产、限产，对设施运行不正常、超标排污的依法停产整治，对涉嫌环境犯罪的及时移送司法机关追究刑事责任。

（七）推动信息公开，接受社会监督

通过网络、报纸、电视等媒体及时公布城区空气自动监测子站空气质量数据及排名，直接曝光污染大气环境的单位名单。在全社会倡导"同呼吸、共命运"理念，引导公众树立绿色环保的消费习惯和生活方式。通过有奖举报、聘请大气污染防治监督员等措施，鼓励公众监督和举报污染大气环境行为。

大气污染来源广泛，成因错综复杂，治理工作任务重、要求高、难度大。治理大气污染不仅需"天帮忙"，更需"人努力"。作为环保工作者，我们必须充分认识大气污染防治工作的长期性、艰巨性、复杂性，摸清原因，科学施策，持之以恒、常抓不懈，全力促进大气环境质量持续改善，努力还人民群众一片天蓝气爽。

认真落实大气污染防治行动
推动大气环境质量持续改善

山东省济南市环境保护局 秦立华

摘 要：大气污染关系到人民群众身体健康，关系经济持续健康发展，关系各级党委、政府的形象和公信力。本文通过对济南市大气污染防治工作面临的形势分析，在系统总结相关工作的基础上，从深化重点行业大气污染治理、推进能源结构调整优化、推进产业结构调整和工业布局等方面对下一步济南市大气污染防治重点举措进行了展望。

关键词：大气污染 治理措施 济南

当前，雾霾天气多发、群众反映强烈，大气污染防治已经成为体现社会公平正义、影响民生发展的重要一环，直接关系到人民群众的生活质量和健康水平。全力改善环境空气质量，做好大气污染防治工作已经成为各级党委、政府极其重要的工作目标和任务。

一、济南市大气环境情况

济南是山东省的省会，市区总体呈"浅碟形"，逆温频次高，大气污染物扩散条件差，历史形成的工业结构布局和能源结构不合理，加上机动车快速增长与量多面广的大面积城区改造，全市大气污染结构型、复合型、压缩型特征十分突出。从 2003 年国家正式公布重点监控城市大气污染指数以来，济南处于中下水平，尤其是自 2013 年环境保护部对空气质量月公开排名以来，济南在全国 74 个重点城市排名落后，在全省的排名亦不尽如人意。

二、济南市大气污染防治主要工作

面对严峻的环境质量形势，济南市积极作为，将强力推进空气环境质量改善作为全市首要政治任务和重要民生工程。以到 2020 年空气质量比 2010 年改善 50% 为目标，以国家环保模范城等"六城联创"为抓手，全面实施大气污染防治规划，多项措施并举强力推进大气污染防治。

（一）重格局，积极推动政府层面的建章立制

市委、市政府出台了"济南市大气污染防治行动计划（一期）"，先后召开生态市建设

动员大会、环境保护推进大会等一系列重要会议，对污染防治、节能减排等环境保护工作进行全面部署，并层层建立大气污染防治责任制，纳入全市科学发展综合考核评价体系，建立起市、县（市）区、乡镇（街办）三级责任体系，构筑起权责明确、齐抓共管的推进体系。同时，以省会城市群经济圈建设为契机，进一步加强与周边城市协作，以解决区域性大气复合污染为突破口，加快构建区域联防联控机制，形成环境保护的整体合力，真正形成良性互动的大格局。

（二）重宣传，积极营造社会层面的舆论氛围

充分发挥人大、政协监督及新闻媒体监督的作用，加大宣传力度，增强全社会的环保意识和责任。在驻济主要媒体设立环境违法曝光台，利用报刊、广播电视、网络、微博等多形式进行生态文明宣传教育，将环境空气质量状况、排污单位自行监测情况、环保部门监督性监测情况、环境违法典型案例、相关环保政策以及各项工作进展向社会公开。畅通信访投诉渠道，倾听市民的意见和呼声，关注和解决发生在市民身边的、影响市民切身利益的各类举报，形成对各类环境违法行为如同"过街老鼠，人人喊打"的局面，充分调动市民参与环保的积极性，提升市民对改善环境空气质量的关注度和参与度。

（三）重突破，积极推进工作层面的攻坚克难

抓好大气污染防治难点突破，既是当务之急，也是一项长期任务。济南市突出重点，切实做好控燃煤、治尾气、降扬尘、抓应急、搞绿化等工作。

1．控燃煤

严格执行山东省大气污染物排放标准，落实大气污染源清单更新制度，强化对重点燃煤单位的监督管理，督促加快治污设施升级改造，倒逼产业结构转型升级。编制2014—2016年余热利用供热规划方案，积极推进和扩大工业余热利用规模，力争通过余热利用替代中心城区35 t/h以下燃煤锅炉。积极推进东部老工业区搬迁改造，把城市建成区划为高污染燃料控制区，规定在此控制区内不得新建燃用高污染燃料的各类排烟设施，已建成的区域内35 t/h以下燃煤锅炉在2015年年底前原则上停止使用高污染燃料。在山东省率先开展煤改气工作，2013年已完成39台276蒸吨的燃煤锅炉改造任务。严把涉气项目环境准入关，认真落实新建项目污染排放倍量替代要求。

2．治尾气

机动车尾气是污染大气环境的主要流动污染源，为加强机动车尾气污染治理，济南市出台了环保检验机构监督管理办法，完善了环保检验质量控制管理细则，认真开展了机动车环保检验和环保标志核发工作。建成投用14家机动车环保检验机构，2013年以来对100多万辆在用机动车进行了环保检验。坚持堵疏结合淘汰黄标车，2013年12月启动黄标车区域禁行，一方面对进入禁行区域的黄标车严管重罚；另一方面对提前淘汰的黄标车给予补贴，现已对近万辆提前报废黄标车发放财政补贴。严格车辆环保准入关，对不达标排放的坚决不予注册登记、不予办理转入手续。扎实推进油气回收治理，2014年6月底前全部

完成验收。强力推进油品升级，在推广国Ⅳ车用汽油的基础上，全面推广国Ⅳ车用柴油。积极推进节能和新能源汽车推广，公交车中节能和新能源汽车占 46.5%，客运出租车中天然气、汽油双燃料车辆占 97.3%。

3．降扬尘

城市扬尘是空气中颗粒物污染的主要来源。济南市由市城乡建设委牵头，建立扬尘污染联防联控机制。实施扬尘污染防治分类挂牌管理，提高挂牌管理标准，扩大挂牌管理覆盖面，对各类工地、堆场等定期巡查，每月复核，动态监管，公开通报。监察、督查、环保等部门成立联合督查组，对各区扬尘治理、相关部门履职尽责情况定期讲评、考核、督办、问责，保证了扬尘污染治理工作的持续有效推进。

4．抓应急

为加强大气污染应急处理能力，济南市在全省率先出台了重污染天气应急预案，将重污染天气预警等级分为红色、橙色、黄色预警，成立了重污染天气应急指挥部，纳入政府应急管理体系，并与山钢集团济南分公司等 70 多家重点排污企业签订应急责任承诺书，确保应急预防措施落实到位。同时，开展科技攻关，完善监测预警体系建设。

5．搞绿化

大力推进森林城市建设，积极构建绿色生态屏障。以裸露土地绿化、山体公园建设、道路河道绿化等为重点，启动生态隔离带规划建设，全市共新建绿地 40 多万 m^2，新增造林面积 20.4 万亩，提升道路绿化 736.5 km，建设河道景观带 179.1 km。大力开展破损山体治理，2007 年以来共治理破损山体 130 多座、1 700 多万 m^2，"三区一线"可视范围内的破损山体整治基本完成。不断强化夏秋两季秸秆禁烧措施，济南市已连续六年实现"不着一把火，不冒一股烟"和国家卫星零监测的禁烧目标。

（四）重执法，积极推动法制层面的规划落实

济南市强化地方环保法制建设，先后制定实施了大气污染防治条例、机动车排气污染防治条例和扬尘污染防治管理规定等地方法规。切实发挥在线监测作用，继续对 62 家市控重点污染源实行严控措施，对重点污染源瞬时超标行为第一时间调查处理、第一时间督促整改，确保监管治污设施正常运转，达标排放。实行联合检查、随机检查、夜间巡查、日常监管相结合，发现超标行为直接处罚，并在全市范围内通报；对屡教不改、严重违法违规企业实行严管重罚，实行"零容忍"，发现一起查处一起。同时，充分利用经济政策促进环境管理，做好绿色信贷、环境污染责任险试点以及开展企业环境信用评价等工作，倒逼企业履行环保责任，发挥企业治污主体责任，促使排污企业杜绝侥幸心理，自觉治理污染。

在全市的共同努力下，济南市环境空气质量逐步改善，改善率综合排名在全省位列前茅，其中二氧化硫、二氧化氮、可吸入颗粒物、细颗粒物同比改善幅度均高于全省平均水平。

三、济南市大气污染防治前景展望

虽然济南市的环境空气质量同期相比逐步改善，但无论改善的幅度还是环境空气质量总体状况均不理想，离党委、政府的要求、公众的期盼还有很大的差距。济南需要在全力组织实施《济南市大气污染防治行动计划（一期）》的基础上，再接再厉，全力推进污染防治工作重点突破。

（一）深化重点行业大气污染治理

以实施《山东省区域性大气污染物综合排放标准》等 7 项标准为抓手，全面推进火电、钢铁、石化、水泥、供热等重点行业二氧化硫、氮氧化物、工业烟粉尘治理，督促各类排污企业加快治污设施升级改造，完成《济南市大气污染防治行动计划（一期）》重点治理项目建设，实现各类污染物达标排放，对没有合法手续且超标排污的企业坚决实施停产治理；对具有合法手续但不能达标排放的企业实施限产治理，经限产治理仍不能达标的坚决实施停产治理。同时，以省会城市群经济圈建设为契机，继续加强区域协作，积极构建环保联防联控机制，共同改善环境质量。

（二）推进能源结构调整优化

实施《济南市工业废热（余热）利用供热方案（2014—2016 年）》，推进黄台电厂、章丘电厂余热改造和相应的供热管网、热力站建设改造工作，采用电厂乏汽余热供热和"大温差"输送技术，在不增加燃煤总量的前提下新增供热能力 4 500 万 m^2，替代中心城区明湖热电等三个电厂以及 35 t/h 以下燃煤锅炉 160 台，每年可减少煤炭消耗 94 万 t 标准煤。多渠道加大清洁能源应用力度，加快燃气管线建设，稳妥推进锅炉"煤改气"项目。推广使用太阳能、风能、生物质能等新能源，争取到 2015 年实现煤炭消费总量"不增反降"目标。

（三）推进产业结构调整和工业布局优化

严格执行建设项目环境影响评价制度，严把项目审批环节，从源头控制高耗能、高排放项目建设。加快淘汰落后、过剩产能，到 2015 年济钢将淘汰 40 t 转炉 4 座，涉及炼钢产能 380 万 t；加快实施水泥磨机置换改造工作，到"十二五"末济南市水泥粉磨产能总量控制目标为 1 600 万 t，熟料产能控制在 670 万 t。加快《东部老工业区搬迁改造实施方案》的落实进度，力争东部工业区现有的钢铁、石化、化肥等重点排污企业有序搬迁改造。做好水泥产业布局，推进《济南市水泥磨机产能置换改造实施方案》实施，将水泥粉磨站370 万 t 的产能转移至长清崮山。

（四）深入开展扬尘污染治理

坚持"市区联动、以区为主、综合整治、严管重罚"的防尘降尘原则，坚持文明施工与执法监管并重、道路保洁与绿化美化并举，继续强化对渣土装卸和运输过程的"两点一线"监控,不断提高道路机械化清扫率和冲洗保洁频次。继续坚持扬尘污染防治挂牌管理,对各类堆场、露天仓库实施动态管理。加大城市植绿造绿力度,加速推进生态隔离带建设,力争 2015 年城市建成区扬尘强度比 2010 年下降 15%以上。

(五)强化机动车污染防治

强化在用机动车环保管理,加大机动车环保检验和环保标志核发力度,依法组织开展机动车抽检抽测及冒黑烟车辆查处,严格新车环保准入,继续强化外地转入车辆环境监管。加快黄标车淘汰进度,2015 年前完成全部淘汰任务。实施公交优先战略,加快推进公交都市建设,积极构建以公交为主的城市机动化出行系统。大力发展公交节能与新能源车辆,力争到 2015 年 5%的营运货车、15%的营运客车、60%的公交车、98%以上的出租车使用清洁燃料和新能源。积极推动车用油品配套升级,抓好油品升级和国Ⅳ标准车用柴油供应工作,严防劣质油品进入市场。同时,加大宣传引导力度,鼓励绿色出行,提高低碳绿色交通出行比例。

(六)认真开展环境空气质量考核

认真落实省委、省政府关于"将生态环境质量逐年改善作为区域发展的约束性要求"的有关指示精神,研究纳入科学发展观综合考核体系,对考核不合格或连续三个月考核排名末位的区实行问责,引导各级切实做好环境保护及大气污染防治工作。每月公布各区空气质量排名,对连续 3 个月排名末位的区涉气新建项目(污染防治项目除外)实施"区域限批"。加快建立市级环境空气质量生态补偿奖惩机制,实施以空气质量改善为重点,在全市范围内建立横向生态补偿奖惩机制,根据环境空气质量同比改善或恶化程度,奖优罚劣,促进市域环境空气质量均衡改善。建立突出环境问题挂牌督办及后督察机制,对经挂牌督办仍没有解决问题的将移交纪检监察部门,情节严重的将移交司法部门,依法追究相关方面的法律责任。同时,充分发挥新闻媒体的舆论监督作用,对污染严重、整改不力、屡查屡犯的单位和行为进行公开曝光,积极在全社会形成共同参与环境保护的良好氛围。

济南市的大气污染防治工作尚处于起步攻坚阶段,在开展大气污染防治的过程中还将伴随着经济社会发展转型升级的阵痛,绝非一日之功。我们将认真落实国家、省的要求,积极学习借鉴兄弟城市的经验做法,发扬钉钉子的精神,持之以恒,久久为功,坚决打赢这场大气污染防治攻坚战,努力为党委、政府和广大人民群众交上一份合格的答卷。

东营市大气污染原因分析及防治对策研究

山东省东营市环境保护局　燕景广

摘　要： 东营市为我国第二大石油工业基地胜利油田的崛起地，是我国一座新兴的工业化城市，经济的飞速发展，也继而带来了较多的能源消耗和环境污染。本文从东营市大气污染的三大原因着手分析，结合空气治理所面临的形势，提出牢固树立生态文明的发展理念、着力强化主要污染物总量减排、加快能源结构调整及淘汰落后产能等七大防治对策，为控制东营市大气污染、促进社会和谐稳定、建设生态文明城市提供有益帮助。

关键词： 大气污染　防治对策

城市化和工业化的快速发展，以及能源消耗的迅速增加，使我国的空气污染问题越来越严重。东营市作为一座新兴的工业化城市，改革开放以来，经济高速发展，城市化进程不断加快，特别是资源、能源消耗较多的重化工业快速发展，带来了高强度的污染排放，各种环境问题日渐凸显，广大市民群众要求改善环境空气质量的呼声越来越高。加强大气污染治理，对于促进社会和谐稳定、建设生态文明典范城市具有十分重要的意义。

一、东营市大气污染原因分析

（一）工业排放是造成东营大气污染的首要原因

受产业结构偏重等历史因素影响，东营市结构性污染较重，全省确定的十大高耗能行业东营市有 9 个。目前东营工业总产值已经超过 1 万亿元，而化工、石化、有色、橡胶轮胎四大污染行业对地方工业总产值的贡献高达 70%。特别是近几年来，工业新增大项目仍以石化、化工等传统产业为主，石油加工、燃煤电厂等生产能力快速增长，新增污染物排放量刚性增加较快。由此造成的化工异味污染以及二氧化硫、氮氧化物排放量增高问题突出。据不完全统计，二氧化硫的 70%～80%、氮氧化物的 60% 以上、烟尘的 80% 以上来自工业企业及燃煤。

（二）施工扬尘是可吸入颗粒物污染的主要成因

造成东营市可吸入颗粒物污染的主要成因是建筑施工、车辆带泥上路、沿途撒漏以及不正确的道路清扫方式等造成的扬尘污染。通过南开大学颗粒物重点实验室等科研院（所）研究表明，东营市的颗粒物来自建筑施工、道路运输的扬尘，占 PM_{10} 的 60% 以上。

（三）机动车尾气排放是造成城市低空环境空气污染的罪魁祸首

截至目前，东营市机动车保有量近 70 万辆，其中黄标车约 3 万辆。研究结果表明，东营市空气污染物中 73.6% 的一氧化碳、58.4% 的碳氢化合物、30.8% 的氮氧化物、23.5% 的细颗粒物（$PM_{2.5}$）都来自于机动车排气。特别是机动车排气属于低空排放，排放高度在 0.3~2 m，正处于人体呼吸范围，排气中的多种有害化学物质对人的身体健康构成潜在威胁。机动车污染已经成为影响东营环境空气质量的主要污染源之一。

二、东营环境空气治理面临的形势

当前，东营市环境空气治理工作面临新形势、新要求。一是国家和省对环境保护工作的考核评价机制越来越严格，国家新发布的《环境空气质量标准》制定出台了大气治理十条措施，在原来 PM_{10}、二氧化硫、二氧化氮 3 项监测指标基础上，增加了 $PM_{2.5}$、臭氧和一氧化碳指标，严格要求污染物排放量大幅削减、环境质量大幅改善、严格控制煤炭消费总量、禁止新增高污染物产能。二是随着经济社会的发展和群众生活水平的提高，人民群众对环境质量的要求和关注程度越来越高。近几年，东营市因环境污染引发的群众信访呈上升趋势，其中大气污染的投诉量最大，成为群众反映最为强烈的问题。三是主要污染物减排压力加大。"十二五"期间，国家新增氨氮和氮氧化物减排新指标，减排领域由先前的工业和生活污染源扩展到农业源和机动车等新领域，增加了总量减排的难度。东营市产业结构偏重，结构性污染较重，近几年工业新增项目仍以化工等传统产业为主，新增污染物排放量刚性增加较快，减排压力越来越大。

三、东营市大气污染防治对策

（一）牢固树立生态文明的发展理念

东营市成立时间短，生态环境十分脆弱，产业发展的支撑能力不足，经济发展中必须高度关注生态问题。越来越严重的资源环境危机，要求我们必须探索有别于以往工业化过程的新型发展道路，必须进一步树立"人与自然和谐、可持续发展"的理念，实现由工业文明向生态文明的转变。生态文明是一个庞大的综合性系统工程，就环境保护而言，就是要发展循环经济，实施清洁生产，推动节能减排，加快建立资源节约型和环境友好型产业体系。就当前环保工作而言，要按照"解决突出环境问题、治理源头环境污染、全面提升环保水平"的工作思路，以实施环保重点工程和加强执法监察为抓手，加大资金投入，集中抓好重点区域、重点行业的大气污染整治，强化环境监管，严格环境准入，着力解决影响科学发展和损害群众健康的突出环境问题，力争使全市大气环境质量明显改善。

（二）着力强化主要污染物总量减排

一是调整优化产业结构。加快运用先进技术改造传统产业，大力发展战略性新兴产业、高新技术产业和现代服务业，坚决淘汰落后的生产设备与工艺，着力提升产业技术装备水平。按照减量化、再利用、资源化的原则，大力发展循环经济，全面推行清洁生产，最大限度地减少污染物排放。二是严格环境准入。禁止新建造纸、印染、水泥、电解铝、冶炼等高污染行业，从严控制新建石化、化工、火电等项目。实行污染物排放和煤炭消耗总量控制，不予审批无总量指标的项目。中心城及周边的化工园区严格控制废气排放较大的化工及燃煤项目。化工园区外杜绝新建石化、化工、涉重金属类项目，制定园区外现有化工类项目关停、搬迁、整治规划，逐步实施。严格执行"环保第一审批"制度，建设项目未经环境影响评价及审批，发改部门不立项，工商部门不注册，国土部门不供地，电力部门不供电，金融部门不放贷。三是强化环保设施建设。认真落实"三同时"制度，确保污染防治设施与主体工程同时设计、同时施工、同时投入使用，做到增产增效不增污。

（三）彻底整治重点行业重点领域大气污染

一是火电行业。全市 16 家燃煤电厂锅炉全部建成炉外脱硝设施，二氧化硫不能稳定达标的燃煤电厂进行脱硫设施升级改造，配套高效除尘设施，除尘效率达到 99.85%以上。脱硝、脱硫系统同步配套建设符合相关要求的中控系统（DCS），取消烟气旁路。确保各企业大气污染物排放稳定达到《山东省火电厂大气污染物排放标准》（DB 37/664—2013）规定的时段标准要求。二是石化行业。所有石化企业的催化裂化装置配套建设，完善催化烟气脱硫设施和硫磺回收系统，硫磺回收率达到 99.8%，安装自动监控设施并与市、县（区）环保部门联网。确保稳定达到《山东省区域性大气污染物排放标准》（DB 37/2376—2013）规定的时段标准要求。三是燃煤锅炉。全市所有污染物不能达标排放的燃煤锅炉进行脱硫除尘设施改造，拆除中心城区供热管网覆盖范围内的小锅炉或改用清洁能源。污染物排放稳定达到《山东省锅炉大气污染物排放标准》（DB 37/2374—2013）规定的时段标准要求。四是油气回收。全市加油站、储油库、油罐车建成油气回收治理工程。五是扬尘整治。强化建筑扬尘治理，严格落实施工现场洒水、遮盖、围护等防扬尘措施，严禁违章作业，并在施工场地出口设置车辆清洗平台，防止车辆带泥上路。强化重点道路区域扬尘治理，对城区裸露地面进行绿化、硬化，对道路保洁采取吸尘、洒水、清扫一体化先进作业方式，严查车辆带泥上路和运输物料扬散。强化烟尘治理，扩大集中供热范围，坚决拆除城区燃煤小锅炉，严禁焚烧秸秆、落叶等垃圾。六是机动车尾气污染整治。全面实施中心城建成区黄标车禁行，严查无环保标志上路行驶和黄标车违规行驶行为。以淘汰大中重型客货运输黄标车为重点，大力推进城市公交车、客（货）运车（含低速车）尾气污染集中治理或更新淘汰。推进黄标车提前淘汰补贴工作，引导、鼓励和支持黄标车提前淘汰，黄标车淘汰率达到 40%以上。

（四）加快能源结构调整及淘汰落后产能

严格限制全市煤炭消耗，提高能源利用效率，降低单位 GDP 能耗。坚定不移地走清洁生产和发展循环经济之路，把清洁生产、资源综合利用、生态设计和绿色消费等融为一体。培育发展高新技术产业，扶持绿色经济、环保新能源产业，以绿色发展带动产业优化升级。着力提高天然气、液化石油气等清洁能源的消费比例。要从根本上改变现有不合理的能源结构，加大对风能、太阳能的开发利用。对燃煤电厂中不能稳定达标的炉内脱硫设施进行限期治理改造，所有电厂建设炉后脱硫设施，并实现稳定达标排放；全市所有热源厂和现有的 20 t/h 以上锅炉，逐步淘汰脱硫除尘一体化工艺，采用高效布袋或三电场以上除尘、炉后脱硫设备，收尘、脱硫效率应保证达到 95% 和 85% 以上；新建项目必须采用先进的除尘、脱硫技术和设备，电厂、供热中心除尘效率要达到 99.85% 以上，脱硫效率达到 95% 以上。

（五）严格环境执法监管

一是加强监管检查。坚持日常监察与专项检查相结合，开展上下联动、部门联合执法，采取挂牌督办、定期通报、限批、约谈等综合措施，整治重点流域、区域和行业的突出生态环境问题。二是提升监管能力。完善环境监控体系，根据监管需要，调整优化河流监测断面设置，配套监测设施；电厂脱硫脱硝系统、2 万 t/d 以上污水处理厂配套完善 DCS 系统，橡胶轮胎行业烟气收集处理系统配套自动控制系统，各类重点污染源完善自动监控设施；东营港经济开发区、东营农业高新技术产业示范区新建空气自动监测站，所有县区空气自动监测站增上 $PM_{2.5}$ 等监测设备；强化环保执法力量，充实基层环保执法人员，加强对重点区域和农村的环境监管。三是加大处罚力度。重拳出击，铁腕执法抓管理，以严格执法促环保设施运行。特别是对恶意排放污染环境的，公安、检察等司法机关应及时介入，与行政执法部门联合予以打击。

（六）提升生态环境建设水平

维护生态系统平衡，既是环境保护的重要目标，也是扩大环境容量、提高环境承载能力的基础条件。下一步，要围绕创建国家生态园林城市，全面构筑生态系统，加强城乡环境整治，不断提高生态环境建设水平。一是加快造林绿化。突出抓好生态林场建设，探索完善长效经营管理机制，不断提高建设管理水平。提高城市绿化水平，实施一批城区道路绿化和公园建设工程，年内完成东青高速绿化、广利河沿河绿道和滨河绿带建设。统筹推进环城生态工程和沿黄、沿海生态工程，尽快构筑起城市的绿色生态屏障。二是加强城乡环境整治。要结合全国文明城市创建工作，大力推行"数字城管"和网格化管理，抓好老旧小区等薄弱环节整治，提升城市整体形象，努力争创中国人居环境奖。加快推进城市管理向镇村延伸，建立小城镇综合执法、绿化养管、环卫保洁队伍，提高城镇管理水平。深入开展生态文明乡村建设，认真落实农村环保"以奖促治"政策，加强农业面源污染治理，重点抓好农村环境综合整治，进一步改善农村人居环境。

（七）凝聚全社会协同推进环保工作的强大合力

制定实施环保考核办法、信用评价及部门联动管理办法，充分调动各级政府和部门、单位的工作积极性。充分发挥新闻舆论的导向和监督作用，在新闻媒体设立专栏、专题，宣传先进典型，曝光环境违法行为。充分发挥企业在推进生态文明建设中的作用，引导企业强化主体责任意识，自觉控制污染、推行清洁生产、追求绿色效益。设立公众有奖举报资金，加强与民间环保组织、人民群众的联系，鼓励发挥公众在环保监督、环保宣传等方面的作用，形成全社会关心、支持、参与环境保护的强大合力。

向大气污染宣战

湖北省鄂州市环境保护局　吴　琼

摘　要： 2014 年的世界环境日主题是"向污染宣战"，本文以此主题为契机，用鲜明快活的文笔全面系统地阐述了宣战对象、宣战主体的基本情况和具体特征，针对大气污染这一战斗对象具体提出了四项战略部署计划和五点战术方针安排，相信我们一定可以在这一场没有硝烟的持久战中赢得最终的胜利。

关键词： 大气污染　治理主体　具体措施

2014 年 6 月 5 日，世界环境日的主题是"向污染宣战"。而面对公众备加关注的大气污染这样一场没有硝烟的战争，我们该如何作为。

一、知己知彼

面对这样一场战争，战争的客体——敌人是大气污染，战争的主体——战士是我们的国家政府、社会法人和广大的社会公众。

（一）战争客体：我国大气污染的现状及特点

按照国际标准化组织（ISO）的定义，"大气污染通常是指由于人类活动或自然过程引起某些物质进入大气中，呈现出足够的浓度，达到足够的时间，并因此危害了人体的舒适、健康和福利或环境污染的现象。"伴随着高速的工业化和城市化进程，中国的空气污染具备鲜明的"中国特色"。在 2013 年全国"两会"上，环境保护部副部长吴晓青回应公众改善空气质量的呼吁时说，"现在面对的大气污染成因复杂，既要治理和控制一次污染物，还要控制二次污染物；既要治理常规污染物二氧化硫、氮氧化物，还要治理 $PM_{2.5}$ 污染等新出现的大气污染问题，难度和复杂性可想而知。"

当雾霾一次又一次笼罩京沪穗等各大城市，或是"外企员工因为无法忍受糟糕的空气而逃离北京"等新闻见诸媒体时，对空气污染的担忧再次成为公众的集体焦虑。各种权威机构的研究显示，这种焦虑并非缺乏根据：城市空气污染状况非常严重，且仍在恶化。在中国这样一个"世界工厂"，而非靠旅游资源发家致富的国家，作为前所未有的经济增长速度和高歌猛进的城市化步伐的代价，城市空气污染问题的严重性和复杂性令人瞠目：中国是多种类污染物同时出现、高浓度爆发。这是一个集前现代的烟花爆竹、餐饮油气；工业化时代的燃煤烟尘以及现代社会的汽车尾气于一体的独特环境困局。2012 年"自然之友"制作的一份榜单，以环境保护部发布的数据为基础，根据空气质量达二级以上天数的多少排名。全国 31 个省会城市与直辖市中，海口、昆明、拉萨的空气质量排前三位，乌鲁木齐、北京、兰州包揽后三位。其中，海口 2012 年全年的空气质量处于官方认定的"优良"状态，而连年霸占榜单倒数席位的北京则有 84 天处于"污染"状态。2011 年，世界卫生组织搜集并公布了规模前所未有的城市空气质量数据汇总情况，其中一份名单以可吸入颗粒物 PM_{10} 为空气污染指标，对全球 91 个国家 1 081 个城市进行了排名。收入其中的 31 个中国城市里，表现最好的海口仅排在榜单第 814 位。

通过分析不难看出我国大气污染形势有以下几个特点：一是空气污染由煤烟型转向复合型。我国 70% 的燃料是煤，以煤为主的能源结构未发生根本变化，大气污染以煤烟为主将长期存在，经多年努力，由烧煤引发的 SO_2 和可吸入颗粒物污染问题仍未根本解决。随着汽车的不断增容，机动车尾气对大气的污染倍增；同时，灰霾、光化学烟雾、酸雨等复合型大气污染问题日益突出。二是空气污染由局部向区域蔓延。随着城市化和工业化进程的快速推进，使得我国大气污染问题在过去 30 年内集中出现，空气污染以城市为中心向区域蔓延。污染物相互作用和影响，并与来自附近周边城市和工业区的污染叠加，使得烟雾、灰霾、酸雨发生频率增加，区域城市群环境质量恶化。三是面源污染和农村污染不降反增。我国大量民用生活炉灶消耗大量煤炭，煤炭在燃烧过程中排放大量烟尘、CO 等有害物质污染大气。冬天供暖、秸秆焚烧没有得到很好的处理，农业农村所带来的空气污染仍十分严重。四是一次与二次空气污染叠加影响。我国环境空气污染防治一直是将一次污染的排放物作为控制重点，但在一次污染物没有有效控制的情况下，与所产生的二次污染叠加后使大气污染的危害程度更加严重可怕。五是污染防治与质量改善没有同步。长期以来，我国大气污染防治主要是围绕工业污染源展开，但工业点源一直不十分明确，管理底数不清，无法实现量化管理。污染防治与质量改善关联不直接，使得污染防治力度很大，但质量改善效果不明显。

（二）战争主体：政府、环保等相关部门、企业、社会公众所做的战斗准备

2012 年 10 月，环境保护部、发改委、财政部在部委联合发文（环发[2012]130 号），制定下发了《重点区域大气污染防治"十二五"规划》，2013 年 9 月，国务院以国发[2013]37 号文件形式，印发了《国务院大气污染防治行动计划》，即"国十条"，吹响了向大气污染宣战的号角。从减排、产业转型、技术改造、清洁能源、产业布局、经济政策、依法监管、区域协作、监测预警应急、全员参与等十个方面作出了周密部署。领导层的关注和重视是空前的，各作战队伍力量是雄厚的，作为这场战争的主力部队各级环保部门积累了一定的实战经验，各相关部门单位责任明确，企业要主动为自己的排污行为担责，保护好我们的大气环境，要从每一个人自身做起，从身边的小事做起，无疑广大公众是这场战争的最强大的力量。这是对执政党执政水平的检验和考验，是对环保部门工作水平的检阅，是公众生命安全的需要，这场战争只能胜利不能失败。

二、战略定位

（一）打组合拳

造成大气污染的成因是多方面的，因此必须重拳出击打好组合拳。

1．加强工业废气污染的综合治理

全面整治燃煤小锅炉。加快推进集中供热、"煤改气"、"煤改电"工程建设，在化工、造纸、印染、制革、制药等产业集聚区，通过集中建设热电联产机组逐步淘汰分散燃煤锅炉。加快重点行业脱硫、脱硝、除尘改造工程建设。燃煤锅炉和工业窑炉现有除尘设施要实施升级改造。推进挥发性有机物污染治理。在石化、有机化工、表面涂装、包装印刷等行业实施挥发性有机物综合整治，在石化行业开展"泄漏检测与修复"技术改造。限时完成加油站、储油库、油罐车的油气回收治理，在原油成品油码头积极开展油气回收治理。

2．深化扬尘等面源污染治理

综合整治城市扬尘。加强施工扬尘监管，渣土运输车辆应采取密闭措施。推行道路机械化清扫等低尘作业方式。大型煤堆、料堆要实现封闭储存或建设防风抑尘设施。推进城市及周边绿化和防风防沙林建设，扩大城市建成区绿地规模。

3．强化机动车等移动源污染防治

加强城市交通管理：提高公共交通出行比例，加强步行、自行车交通系统建设。根据城市发展规划，合理控制机动车保有量，通过鼓励绿色出行、增加使用成本等措施，降低机动车使用强度。提升燃油品质：加强油品质量监督检查，严厉打击非法生产、销售不合格油品行为。加快淘汰黄标车和老旧车辆：采取划定禁行区域、经济补偿等方式，逐步淘汰黄标车和老旧车辆。到 2017 年，基本淘汰全国范围的黄标车。加强机动车环保管理：环保、工业和信息化、质检、工商等部门联合加强新生产车辆环保监管，严厉打击生产、销售环保不达标车辆的违法行为；加强在用机动车年度检验，对不达标车辆不得发放环保合格标志，不得上路行驶。开展工程机械等非道路移动机械和船舶的污染控制。大力推广新能源汽车：公交、环卫等行业和政府机关要率先使用新能源汽车，采取直接上牌、财政补贴等措施鼓励个人购买。

4．开展餐饮油烟污染治理

禁止秸秆焚烧污染，限区禁燃烟花爆竹。

（二）打持久战

由于形成大气污染的老账没有结清，又加新账，大气污染层度深，涉及面广，形势如此严峻，绝不是一个行动计划、三年五年就能解决问题的，要树立打持久战的思想，要有

前赴后继，一代接一代连续作战的思想准备，污染不除，绝不收兵。

（三）相邻区域协同作战

探索建立区域协作机制。建立相邻城市群大气污染防治协作机制，由城市群区域内省级人民政府和相关部门参加，协调解决区域突出环境问题，组织实施环评会商、联合执法、信息共享、预警应急等大气污染防治措施，通报区域大气污染防治工作进展，研究确定阶段性工作要求、工作重点和主要任务。

（四）多部门大会战

大气污染防治，政府、环保、公安、交通、城建、城管、企业、公众必须都投入到这场战争中去，开展大会战，打一场声势浩大的人民战争。国家层面要采取措施，有计划地控制逐步削减各地方主要大气污染物的排放总量。地方各级人民政府对本辖区的大气环境质量负责，制定规划，采取措施，使本辖区的大气环境质量达到规定的标准。县级以上人民政府环境保护行政主管部门对大气污染防治实施统一监督管理。各级公安、交通、铁道、城建、城管、渔业管理部门根据各自的职责，对机动车船市政工程、房屋建设的大气污染实施监督管理。县级以上人民政府其他有关主管部门在各自职责范围内对大气污染防治实施监督管理。任何单位和个人都有保护大气环境的义务，并有权对污染大气环境的单位和个人进行检举和控告。林业部门要加强植树种草、城乡绿化工作，因地制宜地采取有效措施做好防沙治沙工作，改善大气环境质量。

三、战术安排

（一）环保部门要定好位

在这场战争中，环保部门责无旁贷地是主力军，是生力军。职责定位的是"统一监管"，既是参谋长，又是战斗员，还是督察员。向大气污染宣战的战争，能不能取得最后的胜利，与环保部门的担当和作为密切相关。环保部门一定要摆正位置，定好位，打一个漂亮仗。

（二）加强能力建设

要加大投入，加强环境监测能力和监察能力建设，充实执法力量，提高装备水平，推动在线监控增点扩面联网工作。要加大专业队伍的培训，提高从业履职能力水平，要推进联合执法、区域执法、交叉执法等执法机制创新，严厉打击环境违法行为。要建立监测预警应急体系，完善会商研判机制，及时发布预警信息，引导公众做好防护准备。

（三）规划、计划要分解落实

国务院与各省（区、市）人民政府签订大气污染防治目标责任书，将目标任务分解落实到地方人民政府和企业。分级分层分任务，要将任务压力层层传导下去，将重点区域的细颗粒物指标、非重点地区的可吸入颗粒物指标作为经济社会发展的约束性指标，构建以环境质量改善为核心的目标责任考核体系。

(四) 督促检查

再好的作战图必须付之行动才能见成效。规划、计划执行落实情况怎么样，必须通过督促检查验收来说明问题。要通过自上而下、自下而上，横向的相互交叉督查来促进落实。制定考核办法，每年初对各级政府、环保部门上年度治理任务完成情况进行考核；考核和评估结果向社会公布，并交由干部主管部门，按照《关于建立促进科学发展的党政领导班子和领导干部考核评价机制的意见》《地方党政领导班子和领导干部综合考核评价办法（试行）》《关于开展政府绩效管理试点工作的意见》等规定，作为对领导班子和领导干部综合考核评价的重要依据。

(五) 奖惩兑现

对未通过年度考核的，由环保部门会同组织部门、监察机关等部门约谈政府及其相关部门有关负责人，提出整改意见，予以督促。对因工作不力、履职缺位等导致未能有效应对重污染天气的，以及干预、伪造监测数据和没有完成年度目标任务的，监察机关要依法依纪追究有关单位和人员的责任，环保部门要对有关地区和企业实施建设项目环评限批，取消国家授予的环境保护荣誉称号。

向雾霾宣战，既是态度，更需行动

湖北省荆州市环境保护局　沈向荣

摘　要： 大气污染防治工作在湖北省荆州市得到了大力的推广，并取得较好成效。本文通过结合荆州市城市环境基本情况回顾了近年来针对大气防治工作的六大行动情况，并对在执行过程中所存在的问题进行分析，从而根据市区当前大气污染态势，结合防治实际工作，从完善法律法规、加强监管等三个方面提出了荆州市大气污染防治工作的思考及对策。

关键词： 大气污染　荆州市　治理成效　存在问题

荆州市是国务院公布的首批历史文化名城。长期以来，荆州市委、市政府高度重视环境保护工作，成立了荆州市环保委员会，建立了环保工作联席会议制度，形成了领导重视、部门联动、社会参与的良好工作氛围。特别是针对大气污染防治工作，我们端正态度、付诸行动，标本兼治、堵疏结合，坚持以铁的纪律、铁的手腕，铁下心来推进环境质量改善，取得了较好的效果。

一、行动情况

（一）依法防治，控制总量

1. 发布《荆州市大气污染防治行动计划》

2013 年 6 月，市政府印发《荆州市中心城区大气污染防治实施方案》，时隔整一年，市政府常务会议研究通过《荆州市大气污染防治行动计划》。《荆州市中心城区大气污染防治实施方案》和《荆州市大气污染防治行动计划》确定了大气污染防治目标：到 2017 年，可吸入颗粒物年均浓度较 2012 年下降 15%以上，全市环境空气质量总体得到改善，重污染天气大幅减少；到 2022 年，基本消除重污染天气，全市空气质量明显改善，中心城区空气质量基本达到或优于国家空气质量二级标准。为此，我们确定了 18 项工作重点、26 项具体任务，分解到各地各部门和企业，并督促落实执行。

2. 严格总量控制

2013 年，荆州市共完成废气减排项目 82 项，二氧化硫和氮氧化物两项指标分别削减 6.5%和 14.15%。2014 年安排实施废气减排项目 41 项，预计可实现减排量二氧化硫 2 174 t、氮氧化物 742 t。

（二）专项整治，源头治理

我们从荆州市市情出发，着力实施秸秆禁烧、粉尘污染、机动车尾气、燃煤锅炉等四大专项整治工程，从源头上系统治理大气污染。

1. 大力开展秸秆禁烧和综合利用

2014 年 2 月，荆州市率先在全省开展秸秆禁烧及综合利用试点工作，划定中心城区规划区以及城市周边 12 个乡镇、街道、农场共 800 km² 为试点范围。在前期深入调研的基础上，组建了工作专班，出台了工作方案，广泛宣传发动，强化技术和资金保障，通过高频度调度、高密度督办、高强度检查，严格奖惩，严防"第一把火"，秸秆大面积焚烧的现象得到有力遏制，禁烧区内核实秸秆露天焚烧火点仅 16 个，黑斑仅 1 亩。2014 年 7 月底，我们将召开今年全市环保委员会第二次全体会议，进一步细化工作方案，签订目标责任书，把秸秆禁烧及综合利用工作扩大到全市各县（市、区）。

2. 淘汰中心城区燃煤锅炉

出台《中心城区淘汰燃煤锅炉实施方案》，全面启动企事业单位燃煤锅炉淘汰工作。我们的目标和步骤都很明确，到 2015 年 7 月，完成中心城区所有企事业单位燃煤锅炉淘汰工作。在此基础上，逐步实现居民禁烧燃煤。2013 年 11 月 1 日，市政府召开中心城区淘汰燃煤锅炉实施大会，安排部署清洁能源替代工作。2014 年，市政府把淘汰燃煤锅炉工作作为"十件实事"之一，筹措专项资金 1 200 万元用于燃煤锅炉改造，以严格的淘汰燃煤锅炉约束机制，用总量指标、排污费、行政处罚等手段倒逼淘汰燃煤锅炉。截至目前，全市共现场督办 91 家企业，燃煤替代企业达到 18 家，已签订清洁能源供应合同企业 34 家，承诺自行拆除锅炉的企业 4 家，拟搬迁企业 4 家。市政府对已完成燃煤锅炉替代工作的 4 家企业发放财政奖励资金 28.29 万元。

3. 推进机动车尾气检测工作

中心城区两家机动车环保检验机构（鸿亿公司和世纪天缘公司）环保检测线已全部建成，省环保厅已进行现场评审，即将核发检测资质；自 2014 年 7 月 15 日起，荆州市汽油车和柴油车将执行国家Ⅳ类排放标准；确定了机动车尾气检测信息管理平台的建设方案，平台具备检测过程实时视频监控、检测数据传输和分析等功能，并实现检测机构与环保和公安部门联网。中心城区将在 2014 年 9 月 15 日前正式启动机动车环保检验，各县市 2014年将启动检测机构建设，2015 年年底启动机动车环保检验。

4. 开展扬尘专项治理

市政府把工程建设领域扬尘治理列入年度重点工作，以房屋建筑工程、装饰装修工程、市政基础设施工程、房屋拆除等建设工地和预拌混凝土等行业为整治重点，建成四个降尘试点工地，每月一考评、每月一督查，通过奖惩结合、信用评价、合同履约、现场踏勘等手段，督促施工单位自觉减少粉尘污染。从 2014 年 6 月起，我们将努力用"两个 100 天"实现三个目标，即城区建设工地围挡、施工道路硬化以及规模以上建设工地车辆冲洗率达 90%以上，渣土密闭化运输率达 95%以上，扬尘整治达标工地达 90%以上。

（三）科学防治，加快转型

1. 严格环评标准

对"两高"行业新增产能、新改扩建项目实行产能等量或减量置换，并落实能源、环评手续。加强对各类产业发展规划的环境影响评价，所有新改扩建项目，全部进行环境影响评价，未通过环境影响评价审批的，一律不准开工建设；违规建设的，依法进行处罚。

2. 淘汰落后产能

结合荆州市产业发展实际和环境质量状况，分区域明确落后产能淘汰任务，倒逼产业转型升级。对未按期完成淘汰任务的地区，暂停对该地区重点行业建设项目办理审批、核准和备案手续。对布局分散、装备水平低、环保设施差的小型工业企业进行全面排查，制定综合整改方案，实施关停并转迁。2013 年，荆州市圆满完成年度淘汰落后产能任务，淘汰落后印染产能 13 500 万 m、落后造纸产能 18.9 万 t、落后玻璃产能 240 万重量箱。2014 年，计划淘汰落后造纸产能 1.8 万 t 造纸产能，淘汰落后钢铁产能 288 万 t。调整产业布局。按照主体功能区规划要求，合理确定重点产业发展布局、结构和规模，重大项目原则上布局在开发区。鼓励产业集聚发展，实施园区循环化改造，推进能源梯级利用、水资源循环利用、废物交换利用、土地节约集约利用，促进企业循环式生产、园区循环式发展、产业循环式组合，构建循环型工业体系。荆州开发区专门设立化工产业园，新引进化工企业一律进驻化工园区，目前已经有 13 家化工企业落户。

（四）强化监测，严格执法

坚持将监测与执法有机结合，做到了大气污染早发现、早处理，提高了治理效果。

1. 监测突出一个"准"字

2013 年，荆州市对空气环境质量自动监测系统进行了升级改造，在全省市州率先建成空气自动监测站，配备了城市摄影系统和能见度监测仪，并实现全国全省联网，目前可对可吸入颗粒物（PM_{10}）、细颗粒物（$PM_{2.5}$）、二氧化硫（SO_2）、二氧化氮（NO_2）、一氧化碳（CO）、臭氧（O_3）等指标进行监测。同时对 8 家重点企业安装了废气污染源自动监控设施 11 台套，实时了解各企业排污状况。目前，全市监测完成率为 87.5%，废气排放综合达标率为 85.7%。监测结果显示，废气排放二氧化硫达标率为 100%，氮氧化物达标率为 100%，烟尘达标率为 85.7%。

2. 执法突出一个"严"字

我们结合监测数据，并通过对项目环评审批手续、项目"三同时"执行情况、项目建成后试生产和竣工验收等方面加强检查，对严重污染大气环境的落后生产工艺、生产设备实行淘汰制度。陆续关闭荆州市楚航特钢等几家大气污染严重的企业，督促国电长源、亿钧玻璃等企业实施脱硫脱硝技术改造，减少氮氧化物和二氧化硫排放量。

二、存在的问题

虽然我们在推进大气污染治理的过程中，做了一些工作，取得了一定成效，但也面临着一些不容忽视的问题，需予以关注，引起重视。

（一）现行法律与环保形势不相适应

《大气污染防治法》于 2000 年实施，10 多年过去了，已经不能适应新形势和新要求。例如，该法对大气环境责任的设定比较模糊，规定的处罚力度也很不充足，难以起到遏制环境违法行为的效果。再如，对民事及刑事责任方面的规定比较粗略，缺乏相关规定配套。加上我国实行自上而下的立法模式，法律规范比较抽象概括，到了省市县中观、微观层面，缺乏针对性和可操作性。同时，当前法律对诸如 $PM_{2.5}$、排污权交易等规定有些过时，不足以应对目前复杂多变的大气环境状况。

（二）防控机制与职责要求不相适应

主要表现为区域联防、部门联控机制不健全。在部门协作方面，国家的规定过于原则化，缺乏具体、可操作的机制设计；在区域协作方面，国家对地方政府有硬性要求，但没有建立起更大范围的区域联控机制。这就造成了空气污染物的跨区域飘移，抵消了地方削减大气污染排放的效果。2013 年 5 月 12—18 日和 6 月 11—13 日，荆州市分别受省内和省外生物质燃烧污染影响明显。6 月 12 日空气质量指数 244，对比 6 月 10 日上升 121.8%。

（三）转型速度与群众期盼不相适应

2013 年荆州市优良天数为 251 天，分别比 2011 年和 2012 年减少 88 天和 84 天。市民对此十分关切，要求改善城市空气质量的愿望非常迫切。虽然市政府一再强调坚决不要"黑色的 GDP"，但作为欠发达地区，荆州市面临加快发展与转型发展的双重任务十分繁重。例如，沙隆达公司是我市一家大型化工企业，2013 年实现营业收入 31.1 亿元、上缴税金 2.3 亿元，为地方经济社会发展做出了贡献，但该企业处于中心城区位置，其产生的化工异味，成为中心城区 80 万市民的"呼吸之痛"。当前，我们正在督促企业对现有生产工艺进行更新升级，并与中国化工集团总公司协商搬迁改造事宜，但因资金问题进展较慢。

（四）资金扶持与实际需求不相适应

根据《关于推进大气污染联防联控改善区域空气质量指导意见的通知》（国办发[2010]33 号）和《环境空气质量标准》（GB 3095—2012）等文件精神，国家要求各地到 2022 年，基本消除重污染天气，空气质量达到国家二级标准。但国家在政策扶持和资金安排上，重点向北上广等重点区域，特别是向京津冀地区倾斜。由于中部地区地方财力配套有限,提升环境质量的压力较大。

三、几点思考

治理大气污染,特别需要顶层设计,建立自上而下、上下协同的治理体系,举全国之力共同推进环境改善。根据当前大气污染态势,结合防治工作实际,提出几点思考以供参考。

(一)完善法律法规,推进依法治理

一是提高违法成本。现行的《大气污染防治法》对造成严重的空气污染事故的最高处罚,为 50 万元以下,违法成本偏低,建议新修订的《大气污染防治法》进一步加大违法处罚力度,真正解决违法成本低、守法成本高的问题。二是推行清洁能源。从实际情况看,"煤改气"工程一次性投资较大,且天然气使用费高过燃煤,并有随时断供的风险,企业积极性不高,清洁能源推广有难度。同时,各类工程机械使用高污染的柴油作为燃料,给城市和农村特别是工地周围带来较严重的空气污染。建议新修订的《大气污染防治法》对鼓励生产、开采和使用清洁能源予以明确要求,大力推广使用清洁能源。三是完善法治体系。建议新修订的《大气污染防治法》明确地方政府保障空气质量的法律责任,确保城市空气质量达标。进一步完善环境保险、环境民事诉讼制度,降低环境案件诉讼成本,鼓励公众依法起诉,形成倒逼机制。

(二)全面实施监测,区域协同治理

由于空气具有流动性特征,大气污染谁也不能独善其身,必须进行统一监测、协同治理。一是建立联防联控机制。建议组建全省区域污染防治机构,便于对区域大气管理重大事项和政策做出决议和决定。完善区域空气质量监管体系,加强重点区域空气质量监测,建立区域空气质量监测网络。强化城市空气质量分类管理,加强区域环境执法监管,开展区域大气环境联合执法检查,集中整治违法排污企业。二是加强区域组织协调。建议建立区域大气污染协调机制,编制区域大气污染联防联控规划,让计划和措施跨出行政区划范围。建立协调区域经济、社会、环境的控制性指标体系,让各地在发展经济时,统筹考虑区域的资源环境承载能力。加强评估检查,对于未按时完成规划任务且空气质量状况严重恶化的城市,严格控制新增大气污染物排放的建设项目。三是强化部门配合联动。大气污染来源较多,涉及各行各业,仅靠环保部门执法管理、末端治理,无法从根本上解决问题;靠临时部门综合执法也难以保持长远效果。建议在国家层面建立大环保格局,协调配合机制,统一部署、统一监测、统一执法。

(三)优化产业结构,淘汰落后产能

建议以转型升级为导向,出台真正能落到实处的优惠政策,扶优扶强,支持培育绿色企业、循环产业的发展。给予中小型过剩产能企业适当政策倾斜,鼓励它们向低碳、绿色发展转型。同时,要综合运用资源、资金、政策等各种要素,切实帮助关停企业解决困难,寻求出路,转型升级,健康发展。同时,建议对装备水平低、环保设施差的企业进行全面排查,建立强有力的监督约束机制,淘汰落后产能,压缩过剩产能。

浅谈三亚市大气污染防治

海南省三亚市国土环境资源局　李建军

摘　要: 随着旅游业在三亚市的迅速发展，如何平衡城市化与生态资源之间的关系，是三亚市所面临的问题。本文通过结合三亚市的地域特征和环境资源状况，对三亚市近年来对空气环境质量的控制工作进行回顾分析，通过与国际旅游城市环境状况对比，结合自身环境条件，提出在大气污染防治方面仍存在的两个突出问题，并从有效控制交通源污染排放、全力控制扬尘污染、进一步推动产业转型升级等六个方面提出了三亚市大气污染防治的具体措施。

关键词: 三亚市　环境问题　污染防治

　　三亚作为我国大陆最南端的热带滨海旅游城市，具有丰富、独特、稀缺的热带滨海旅游资源。三亚的核心价值和比较优势在于其具有"中国唯一、世界一流"的生态环境。近年来，随着旅游业的迅速发展，城市化进程不断加快，城市的资源、生态、环境压力日益显现。处理好城市发展与稀缺的生态资源之间的关系，是关乎三亚建设国际热带滨海旅游城市的战略问题。党的十八大提出了生态文明建设、经济建设、政治建设、社会建设、文化建设"五位一体"的总体布局，吹响了建设美丽中国的号角。如何充分发挥自己的优势，为美丽中国添光彩，是三亚面临的重大课题。本人结合参加环境保护部大气污染防治专题学习培训的体会，谈谈三亚大气污染防治工作。

一、三亚市大气污染防治工作取得的成效

　　三亚从建市之初就确立了建设国际性热带滨海旅游城市的目标，把优良的生态环境视为三亚的生命线。三亚市历届市委、市政府坚定不移，带领全市人民不懈努力，通过不断地调整优化产业，努力改善能源结构，严格环境标准，强化环境综合整治，使三亚在城市建设、社会经济全面快速发展的同时，仍然保持优良的大气环境质量，取得了一定的成效。

（一）三亚已形成以旅游业为龙头的第三产业为主导的产业结构，并且进一步巩固

　　三亚旅游资源禀赋优越，聚集了阳光、海水、沙滩、气候、森林、动物、温泉、岩洞、风情、田园十大旅游资源。三亚以建设世界著名、亚洲一流的国际性热带海滨风景旅游城市为核心目标，近年来旅游业快速发展，以旅游业为龙头的第三产业主导着全市的经济发展，第一、第二、第三产业比重为 11.9%、20.3%和 67.8%。按规划，三亚要建立以高端产业为取向，以旅游业为龙头，以现代农业、海洋产业、创新创意产业、商贸业、房地产业、

文化产业为支撑的现代产业体系,第三产业增加值占地区生产总值比重逐年上升,到 2020 年第一、第二、第三产业比重分别为 5%、22%和 73%。

(二)天然气等清洁能源已在三亚城市全面使用

三亚市燃料结构以管道天然气为主,部分液化石油气,基本无民用燃煤。自 2003 年市区管道天然气管网通气以来,经过多年的开发建设,供气区域已基本覆盖了主城区、海坡片区、荔枝沟、大东海片区、鹿回头片区、田独、南山旅游区、三美湾、创意新城、海棠湾等。已有近 600 家酒店、餐馆、工厂和 10 多万户居民成为了管道天然气用户,日均供气量达到 10 万 m^3。同时三亚市还加大太阳能、风能等新能源利用工作,发展太阳能光伏照明与风光互补路灯,推广"太阳能热水系统一体化建筑,太阳能光伏发电与建筑一体化"等项目。

(三)三亚从严执行国家大气环境质量标准

三亚市制定了环境保护规划,明确全市区域大气环境质量标准。南山创意产业园等工业用地区域内项目执行二级大气质量标准,但是所在区域大气环境质量仍按照一级标准进行管理,不降低环境质量要求。全市其他区域包括主城区、各个乡镇和旅游组团,都执行一级大气质量标准。

(四)加强节能减排及污染防治工作

作为建设中的热带滨海旅游城市,三亚市委、市政府坚持把生态环境保护与建设作为推进城乡统筹发展、创建国际一流滨海旅游度假城市的立足点。编制了《三亚生态市建设规划》《三亚市环境保护规划》,印发了《三亚市机动车尾气污染防治管理办法》等一批规范性文件,制定了节能减排综合工作方案、主要污染物减排工作方案、加强机动车污染防治工作实施意见、油气回收综合治理工作实施方案、建筑工地扬尘污染整治工作方案、大气污染防治实施计划等一系列文件,全面加强大气污染防治工作。对水泥厂、木材厂等废气排放重点工业企业,全部予以关停拆除。完成了南山燃气电厂烟气脱硝改造工作。

(五)三亚环境空气质量在全国仍保持名列前茅

三亚市 2013 年环境空气质量优良率为 99.7%,空气污染指数(API)年均值为 30。全年监测天数 364 天,其中,API 指数属Ⅰ级(优)的天数 321 天、占 88.2%,属Ⅱ级(良)的天数 42 天、占 11.5%,属Ⅲ级(轻度污染)的天数 1 天、占 0.3%。市区二氧化硫(SO_2)日平均浓度为 2～22 $\mu g/m^3$,年平均浓度为 7 $\mu g/m^3$;二氧化氮(NO_2)日平均浓度为 4～37 $\mu g/m^3$,年平均浓度为 13 $\mu g/m^3$;可吸入颗粒物(PM_{10})日平均浓度为 5～162 $\mu g/m^3$,年平均浓度为 30 $\mu g/m^3$。二氧化硫、二氧化氮、可吸入颗粒物年平均浓度均符合《环境空气质量标准》(GB 3095—2012)一级标准。

二、三亚市大气污染防治工作面临的形势

三亚市目前的环境空气质量虽然在全国名列前茅，但在海南不是最好的地区。与世界先进地区旅游城市相比仍有一定差距。三亚市在大气污染防治方面还存在以下两方面突出问题：

（一）交通源对三亚大气环境影响较为显著，且影响越来越大

据环境数据统计，近年三亚市 SO_2 和烟粉尘排放量总体呈下降趋势，NO_x 排放量呈逐年上升趋势。经调查分析，交通源 NO_x 排放占 92.8%，贡献率远高于其他污染源。交通源排放以高速公路和城区主干道为主，排放主要集中在城区和三亚湾沿岸。

根据污染源普查数据，三亚市各类车型中 NO_x 排放量按大小排序为：大型载客汽车、重型载货汽车、中型载货汽车、小型载客汽车、轻型载货汽车、中型载客汽车。其中，大型载客汽车的占比最高达 NO_x 交通源排放总量的 33%，说明旅游业对三亚市大气 NO_x 污染有明显影响。随着旅游业的迅速发展和机动车保有量的快速增加，NO_x 排放量将持续增加，有可能导致二次污染，继而进一步加重 $PM_{2.5}$ 的污染。

此外，三亚市的路网结构将会加大交通源 NO_x 排放量。三亚市主城区横向（东西方向），由于海岸、河流和山地的限制实际上不到 3 km，在这距离内，纵向分布着凤凰路、河东路、解放路和三亚湾路四条交通干线，还有临春河路和河西路等辅助路。而纵向（南北方向）有 5～6 km，在这距离内，从北到南横向分布着金鸡岭路、迎宾路、新风路和榆亚路四条交通干线，连接着东西方向的交通。比较起来横向交通道路太少，使得大量车辆绕行，增加了交通压力。另外三亚市丁字路口多、断头路多、摩托车多，都会造成机动车尾气排放增大。

根据预测，到 2020 年三亚交通源 NO_x 排放量将达到现状的 1.5 倍以上。按照现在机动车发展速度，如果不采取适当的控制措施，今后几年在交通高峰时间城区 NO_x 污染物浓度将有所升高，城市中心地段将出现 NO_x 浓度超标的情况。

（二）颗粒物为三亚市大气环境主要污染物，防治任务仍然繁重

降尘和 PM_{10} 是三亚市相对污染较重的因子，即相对而言，三亚市的大气环境以颗粒物污染为主。近十年中 PM_{10} 日均值均有超标值出现，全市日平均值超标率在 4% 以上。三亚市相对而言污染较重的季节是冬季和春季，PM_{10} 污染加重最为明显，冬季的浓度比夏季和秋季高出一倍以上。与国际标准比较，三亚市 PM_{10} 浓度已达到阶段 3 目标，但仍超出世界卫生组织（WHO）指导值，超标倍数 0～0.52 倍。

三亚市正处于城市快速发展时期，持续大规模开发建设将造成建筑施工扬尘增加，且主要集中于中心城区和旅游组团。预测至 2020 年，三亚市中心城区平均每年将有 6.67 km^2 面积涉及建筑施工，平均每年将产生建筑施工扬尘 1 247 t，扬尘 PM_{10} 排放量达现状 1.3 倍。同时由于城市交通量的增加，交通源扬尘排放量也呈上升趋势。为此，城市建设中由于建筑工地管理不善和道路遗撒等导致的扬尘，是三亚市颗粒物污染控制的关键。

三、三亚市大气污染防治需加强的工作

（一）打造绿色交通体系，有效控制交通源污染排放

一是倡导绿色交通理念，实现交通节能目标。实施公交优先战略，重点发展城市公共交通体系，加强步行、自行车交通系统建设，在滨海风景旅游区建设具有热带滨海景观特色的慢行道路网络系统，大幅度提高城市公交出行与慢行交通比例。

二是优化道路交通体系，减少大气环境污染物排放。针对旅游业大型载客汽车以及重型载货汽车 NO_x 排放比例较高的现象，强化交通线路管理，重点发展沿海岸带轨道交通，减少过境载客汽车穿越城区，减少过境客货运交通量；优化交通网络，减少道路拥堵时间；实行黄标车、无标车限行制度，禁止重型载货汽车进入风景旅游区和中心城区。

三是实施新能源汽车行动计划。旅游业大型载客汽车、城市公交车、出租车等优先采用清洁能源；加快淘汰黄标车和老旧车辆，实现公交车辆全部为环保型。

四是强化机动车环保管理。全面实行机动车环保标志管理制度，加强在用机动车尾气检测工作，从严执行机动车转入环保审查制度，严格机动车路面管理，适度控制机动车增长。

（二）以建筑施工为重点，全力控制扬尘污染

一是加强房屋建筑、拆除和市政工程施工现场管理，积极推进绿色施工。将全封闭围挡、堆土覆盖、洒水压尘、使用高效洗轮机和防尘墩、料堆密闭、道路裸地硬化等烟尘控制措施纳入建设施工管理；建设单位、施工单位在合同订立时依法明确扬尘污染控制实施方案和责任，并将控制费用列入工程成本，单独列支，专款专用；将施工扬尘污染控制情况纳入建筑企业信用管理系统，作为招投标的重要依据。

二是实施"黄土不露天"工程，减少城区裸露地面。大力开展城市绿化，加强扬尘污染控制力度。

三是保持道路清洁，最大幅度减少道路扬尘。加强建筑工地运输车辆清洗，提高道路清扫率，控制载货汽车遗撒，保证道路两侧绿化面积和绿化率；推行道路机械化清扫等低尘作业方式，干旱季节强化道路洒水降尘措施，减少道路扬尘污染。

四是整治矿山扬尘。依法取缔城市周边非法采矿、采石点，推行采石厂碎石全过程封闭式运行，控制粉尘排放。

五是开展扬尘定量监测，为制定科学管理措施提供数据支撑。

（三）优化产业空间布局，进一步推动产业转型升级

一是优化空间格局。科学制定并严格实施城市规划，强化城市空间管制要求和绿地控制要求，规范各类产业园区和城市新城、新区设立和布局，加强对各类产业发展规划的环境影响评价，形成有利于大气污染物扩散的城市和区域空间格局。

二是调整产业布局。对全市大气污染企业进行全面清理，对布局不合理的重点污染企业，尤其是城区内已建的污染企业，结合产业结构调整计划制订搬迁整改方案，明确搬迁

时间、地点、规模及工艺改造等内容；加强产业政策在产业转移过程中的引导与约束作用，严格限制在生态脆弱或环境敏感地区建设对环境影响较大的项目。

三是推动产业升级。结合产业发展实际和环境质量状况，制定范围更宽、标准更高的淘汰政策，全面清理落后产能企业，督促其完成产业转型升级；认真清理产能严重过剩行业违规在建项目，加大环保、能耗、安全执法处罚力度，建立以节能环保标准促进"两高"行业过剩产能退出的机制，新、改、扩建项目要实行产能等量或减量置换。

（四）加快调整能源结构，增加清洁能源供应

一是加快清洁能源替代利用，提高能源使用效率。加大天然气、液化石油气供应。优化天然气使用方式，新增天然气应优先保障居民生活或用于替代燃煤；开发利用风能、太阳能、生物质能等新能源；严格落实节能评估审查制度，新建耗能项目单位产品（产值）能耗要达到先进水平，用能设备达到一级能效标准。

二是积极发展绿色建筑。新建建筑要严格执行强制性节能标准，推广使用太阳能热水系统、空气源热泵、光伏建筑一体化、"热—电—冷"三联供等技术和装备；政府投资的公共建筑、保障性住房等率先执行绿色建筑标准。

（五）推行清洁生产，加大环境综合治理

一是对市重点行业进行清洁生产审核。针对节能减排关键领域和薄弱环节，采用先进适用的技术、工艺和装备，实施清洁生产技术改造。

二是加强挥发性有机物治理。全面开展油气回收治理和监管工作，推广使用水性涂料，鼓励生产、销售和使用低毒、低挥发性有机溶剂。

三是严把环境影响评价关。加强区域产业发展规划环境影响评价，严格控制产能过剩行业扩大产能项目建设；强化节能环保指标约束，把二氧化硫、氮氧化物、烟粉尘和挥发性有机物排放总量指标作为环评审批的前置条件，对达不到总量控制要求的项目，坚决不予审批。

四是实行环境信息公开。及时发布城市空气质量状况、应急方案、新建项目环境影响评价、企业污染物排放状况、治理设施运行情况等环境信息；涉及群众利益的建设项目，充分听取公众意见，确保公众及时全面准确了解项目和企业环境信息。

（六）提高环境监管能力，建立监测预警应急体系

一是提高环境监管能力。加大环境监测、信息、应急、监察等能力建设力度，全面达到标准化建设要求。在完善河东、河西和海棠湾空气自动监测站的基础上，尽快在亚龙湾、崖城等区域设立空气质量自动站，形成完善的空气质量自动监测网络，准确监测全市大气环境质量。

二是建立监测预警体系。市环保部门与气象部门加强合作，建立空气质量异常天气监测预警体系，完善会商研判机制，做好异常天气过程的趋势分析，提高监测预警能力。

三是加强重点风险源的监管。清查大气污染事故重点风险源，建立风险源和污染源档案；在大气环境出现异常时及时排查，有效做好防范工作。

重庆市城市大气污染防治经验及思考

重庆市环境保护局两江新区分局　吴　忠

摘　要：为贯彻落实《大气污染防治行动计划》，完成重庆市空气质量的考核目标，本文通过对重庆市2000—2017 年大气污染治理措施的分析，结合以往大气污染治理成效的经验总结，根据重庆市两江新区污染物的主要特征和污染源的实际分析，不仅提出针对于两江新区的大气污染防治的主要办法和具体措施，而且对新环保法的实施给出了建设性的思考意见。

关键词：大气污染　重庆市　污染控制　主要成效

随着生活水平的不断提高，人们对环境质量的要求日渐高涨，特别是近年来雾霾天气的凸显，要求进一步提升城市大气环境质量的呼声越来越大。党中央、国务院高度重视城市大气环境质量的改善工作，以国函[2012]146 号批复了《重点区域大气污染防治"十二五"规划》，确定了"三区十群"的工作范围，成渝城市群的重庆市主城区纳入重点控制区、其余 29 个区县纳入一般控制区。国务院《大气污染防治行动计划》及责任书明确了重庆市"到 2017 年，$PM_{2.5}$ 浓度比 2012 年下降 15%以上，重污染天气较大幅度减少，优良天数逐年提高"的考核目标。

成立直辖市以来，重庆市历届党委、政府高度重视城市大气环境质量的改善工作，积极采取有效措施，加大财政投入，城市大气环境质量得到了明显改善。

一、近年来重庆城市大气污染整治的措施和成效

2000 年以来，重庆市以主城区大气污染防治为重点，分五个阶段推进"蓝天行动"，主城区空气质量逐年改善。

（一）持续开展五个专项行动

2000—2001 年实施"清洁能源"工程。在主城区 600 km² 范围内，对 2 653 台 10 蒸吨/h及以下燃煤锅炉和茶水炉（约 1 700 蒸吨）全部改用天然气、电、液化气等清洁能源。

2002—2005 年实施"五管齐下"净空工程。在主城区实施 723 km² 范围内，实施关闭采（碎）石场和小水泥厂、加强机动车排气污染、实施裸地绿化硬化、大于 10 蒸吨锅炉实施洁净煤工程、对大气污染源实行关迁改调五项措施。

2005—2009 年实施蓝天、碧水、绿地、宁静"四大行动"。在主城规划建成区 2 737 km²范围内，蓝天行动主要实施控制城市扬尘污染、控制燃煤及粉烟尘污染、控制机动车排气

污染等措施。

2010—2012 年实施国家环保模范城市创建活动。在主城九区 5 473 km² 范围内，着力实施空气质量达标工程、环保优化发展工程，完成了重钢集团整体搬迁的工程项目。

2013—2017 年实施蓝天、碧水、宁静、绿地、田园"五大行动"。在全市 8.24 万 km² 范围内，以"四控一增"为重点实施蓝天行动，即控制燃煤及工业废气污染、控制城市扬尘污染、控制机动车排气污染、控制餐饮油烟及挥发性有机物污染、增强大气污染监管能力。

（二）主要成效

2000—2012 年总投入约 300 亿元，完成约 8 000 项工程项目，降低了大气污染物排放量，持续改善了空气质量。2011 年主城区空气质量优良天数达到 324 天（比 2000 年增加 137 天），首次实现三项浓度达标；2012 年，以国家环保模范城市考核验收为契机，进一步强化大气污染防治工作，主城区空气质量优良天数达到 340 天，重庆市主城区创建国家环保模范城市通过环境保护部组织的考核验收。

2013 年实行国家空气质量新标准以来，重庆市以深化"蓝天行动"为抓手，深入贯彻落实国务院《大气污染防治行动计划》，通过加大治理资金投入、深入开展专项检查、加强污染天气应急管理、开展区域联防联控等措施，扎实推进空气质量改善。按空气质量新标准（GB 3095—2012）评价，2013 年都市区（主城区）空气质量优良天数为 206 天，在 31 个直辖市及省会城市中列第 17 位，重污染天数处于较少水平。

截至 2014 年 5 月 31 日，都市区空气质量优良天数达 103 天，同比增加 23 天；空气中 PM$_{2.5}$ 浓度同比下降 10.6%。重庆市空气质量继续得到稳步好转。

二、主要做法

（一）市委、市政府重视"蓝天行动"实施工作

市委、市政府多次研究大气污染防治工作。市委书记孙政才先后在五次重要会议上对环境保护工作和生态文明建设作了强调部署，强调要把生态文明建设摆在突出位置，提出要大力实施蓝天、碧水、绿地、宁静、田园环保"五大行动"，建设美丽山水城市。并提出环保工作要做到"五个绝不能"，绝不能以牺牲生态环境为代价追求一时的经济增长；绝不能以牺牲绿水青山为代价换取金山银山；绝不能以未来发展为代价谋取当期增长和眼前利益；绝不能以破坏人与自然的关系为代价获取表面繁荣；绝不能对当前的环保突出问题束手无策、无所作为，对苗头性问题疏忽大意，无动于衷。黄奇帆市长强调大气污染防治工作"要制定长效机制，持续改进空气、环境质量"、"实施蓝天行动，强化城市扬尘、机动车尾气污染综合防治，积极应对雾霾天气等群众关切的环境问题"。市政府常务会先后审议通过了《重庆市"蓝天行动"实施方案（2013—2017 年）》《重庆市主城区尘污染防治办法》《重庆市主城区限制黄标车行驶工作方案》。市委办公厅、市政府办公厅每年将"蓝天行动"任务分解下达，并纳入党政"一把手"环保实绩考核内容。

（二）确定了五年"蓝天行动"主要内容

按照国务院大气污染防治行动计划要求，市政府印发了《重庆市蓝天行动实施方案（2013—2017 年）》，将通过 "四控一增"重要举措，实施 2 300 余项工程项目，努力打造美丽山水城市。

1．明确目标

到 2017 年，全市空气质量进一步得到改善。主城区空气中细颗粒物（PM$_{2.5}$）年均浓度比 2013 年下降 16%，可吸入颗粒物（PM$_{10}$）年均浓度比 2012 年下降 12%，二氧化硫、二氧化氮、一氧化碳、臭氧浓度稳定达到国家标准；空气质量满足优良天数比 2013 年增加 40 天以上。

2．确定范围

都市核心区和拓展区所在的主城区为大气污染控制的重点区域（5 473 km^2），城市发展新区所在的 7 个区县（约 1.31 万 km^2）为主城区影响区域，其余区县（6.38 万 km^2）为一般控制区域。

3．"四控一增"新举措

即控制燃煤及工业废气污染、控制城市扬尘污染、控制机动车排气污染、控制餐饮油烟及挥发性有机物污染、增强大气污染综合监管能力。

4．强化保障

市政府成立了环保"五大行动"领导小组及办公室，印发了"五大行动"实施方案、分解下达 2013 年蓝天行动年度工作任务。由相关市级部门和区县研究制定砖瓦窑关闭配套政策、锅炉煤改气补助政策、黄标车淘汰及限行相关政策、水泥企业产能淘汰工作机制等保障政策。市财政五年计划安排 12 亿元"五大行动"专项资金。通过开展环保"蓝天行动"督查和检查，将年度目标任务完成情况纳入党政"一把手"环保实绩考核内容，建立健全工作机制，强化宣传发动，做好技术保障等工作，将"蓝天行动"深入推进。

（三）加强大气污染防治法规和能力建设

1．加强大气污染防治立法工作

2010 年 7 月市三届人大常委会第 18 次审议通过的《重庆市环境保护条例》，第四章将大气污染防治单列一节，分别对划定城市无煤区域和基本无煤区域、禁止向大气超标排放污染物、防治城市扬尘污染、整治油烟废气和异味污染、防治机动车（船）污染等做了详细规定。

2. 强化日常监管和按日累加处罚

《重庆市环境保护条例》强化对大气污染违法排污行为的处罚力度，违法排污拒不改正的，环境保护行政主管部门可按条例规定的罚款额度按日累加处罚，并对主要负责人处以 10 000 元以上 50 000 元以下罚款。

3. 出台三个行政规章

重庆市先后以市长令出台了《重庆市控制燃煤二氧化硫管理办法》（2000 年）、《重庆市机动车排气污染防治办法》（2012 年修订）、《重庆市主城区尘污染防治办法》（2013 年修订）。市人大还将《重庆市大气污染防治条例》列入立法计划。

4. 成立大气环境保护处

为加强大气污染防治工作，在新时期机构和编制零增长的大背景下，2013 年市编办批复同意市环保局新设立内设机构——大气环境保护处。将污染防治处、总量处、尾气中心等行政管理职责集中到了大气处，目前人员已全部到位。

5. 强化新标准配套工作

根据国家要求，主城九区已建成有 17 个国控空气自动监测站。已开始在政府公众信息网上对外实时发布空气质量 6 项污染物浓度数据，市、区每天发送空气质量状况短信、手机报给 10 万余人。为把控三个化工园区的空气质量，重庆市正在建设有 50 余项大气环境有毒有害监测因子的化工园区空气自动监测站。

（四）以 $PM_{2.5}$ 源解析为重点连续开展大气污染科学研究

1. 开展科学研究

为配合实施国家空气质量新标准，重庆市开展了《空气中颗粒物来源解析》《主城灰霾形成机理基础研究》《空气污染与气象相关性分析研究》等研究。市环保局与中国环境科学院等联合开展了主城区大气污染源排放清单调查、$PM_{2.5}$ 和 PM_{10} 来源解析、区域污染源和气象扩散条件对主城区空气质量的影响等研究。2012 年研究表明，对主城 $PM_{2.5}$ 和 PM_{10} 贡献最大的是二次粒子、机动车尾气和扬尘。

2. 明确了防治新思路

以控制 $PM_{2.5}$ 为重点开展大气污染防治，亟须大力削减传统三项污染物（城市扬尘、燃煤污染、机动车污染）存量的同时；必须增添新手段、控制新增量，有针对性地开展多污染物协同控制（控制餐饮油烟、挥发性有机物、臭氧、氨等），做到一次污染与二次污染控制并重，强化多污染源综合管理。同时，以主城区及区县城区为重点加强大气污染联防联控，实施大工程、集中大整治、开展大协同、严格大执法，做到推进同步、城乡同步、减污同步，确保空气质量逐年改善。

三、重庆两江新区大气污染控制的做法

重庆两江新区是继上海浦东新区、天津滨海新区后，2010 年由国务院直接批复设立的第三个国家级开发开放新区。位于重庆主城区长江以北、嘉陵江以东，规划面积 1 200 km^2，其中可开发建设面积 550 km^2。

重庆市环境保护局两江新区分局于 2012 年成立，为重庆市环保局的直属分局，主要任务是在守住环保底线的前提下，服务重庆两江新区的发展。由于重庆两江新区属于开发新区，大气污染防治方面主要是产业规划控制和基础设施尘污染控制，在两江新区管委会及有关部门的大力支持下，大气污染得到有效管控，区域大气环境质量保持稳定。

（一）积极参与宏观决策

1．全面参与战略决策

环保部门固定列席两江新区招商、土地供应及重大项目决策等领导小组会议，就规划控制、产业布局、重大投资等方面提出环保意见，最大限度发挥环保对决策的影响力，为科学决策做好支撑。

2．全面开展规划环评

在重庆两江新区管委会及有关部门的支持下，涉及两江新区的开发建设规划均开展了规划环评，在工业区和环境敏感区间留出了足够的大气环境保护距离，为项目环评审批奠定了基础。

（二）严把环境准入关，强化项目前期介入

1．共同把关环境准入

两江新区将环境准入作为开发建设的第一关，制定统一的建设项目落地审批制度，避免开发开放工作因环保走弯路。招商部门严格按照环境准入要求审核筛选项目落地可行性，无论投资多大，不符合环保要求的项目均坚决拒绝；对招商部门难以界定的项目，环保部门积极配合深入分析，根据项目的实际情况提出对应的处理措施。通过共同把关，先后否决了耀皮玻璃等十余个不符合环境准入要求的大型投资项目。

2．深度参与项目前期

环保部门全面参与投资协议签订、规划选址、方案设计审查、可研评审、土地招拍挂等工作环节，积极提出环保工作意见。通过全环节跟踪指导，引导项目按照环保法律法规及技术规范要求进行调整完善，尽可能将环保问题解决在前端。

（三）打造环境质量数据库，服务区域发展

重庆市环境保护局协调两江新区管委会出资，按照环评监测技术规范要求，每两年对两江新区直管区内的大气、地表水、噪声、土壤等环境质量现状进行了监测，建成了两江新区直管区现状监测数据库，留下了区域环境本底值，积累了区域环境质量现状数据，帮助区域内的建设项目节约了环评报告编制时间。同时，为开发区发展后期调整区域产业结构提供依据。

（四）部门联动，控制基础设施建设尘污染

管委会对基础设施建设提出了尘污染控要求，重庆市环境保护局和建管局、两江集团公司、园区公司建立了基础设施尘污染控制联动机制，把尘污染控制纳入对施工企业的考核和评先、评优，保障了尘污染控制措施落到实处。

四、几点思考

新环保法的实施，有利于《大气污染防治行动计划》的顺利推进，但需认真考虑和落实以下几个问题。

（一）提升战略环评和规划环评的法定地位

《环评法》《规划环评条例》虽然将规划环评作为政府审批规划的必备要件，但规划环评所提出的优化建议很难得到采纳，开展规划环评失去了意义。建议国家应从法律的角度确立其法定地位，确保规划环评提出的优化建议得到落实。

（二）扩大战略环评的涉及面

虽然我国已完成了五大区域战略环评，同时正在开展其他区域的战略环评工作，但由于大气污染的迁移性，建议国家进一步扩大战略环评的范围，综合考虑更大区域大气污染的控制。

（三）制定新环保法实施群体事件应急预案

执行新环保法中，因企业违法导致停产、关闭，由于债权、就业等原因有可能引发群体事件，建议各级政府都应建立相应的应急预案，确保新环保法的顺利施行。

区域联防 因地治霾

——成渝地区分区一体化防治大气污染的建议

四川省泸州市环境保护局 刘志勇

摘 要： 我国大气环境污染问题日益严峻，并逐渐呈现区域性复合型污染的新特点，为破解区域大气污染防控难题，本文从成渝地区大气污染特征分析入手，结合四川省组建成都平原城市群、川南城市群、川东北城市群、攀西城市群四大城市群规划实施，提出成渝地区实行分区域一体化防控大气污染。为探索成渝地区大气污染治理分区一体化路径，本文提出以川南城市群为试点，在川南城市群一体化发展过程中率先实施环境影响评价一体化、产业布局一体化、生态保护一体化等措施，破解成渝地区大气污染联防联控难题。

关键词： 大气污染 成渝地区 城市一体化 试点措施

随着我国社会经济的快速发展和工业化、城市化进程加快，雾霾、光化学烟雾和酸雨等复合型大气污染问题日益突出，严重威胁人民群众的身体健康和生态安全，已成为社会各界高度关注和亟待解决的重大环境问题。且随着城市规模的不断扩大，长三角、珠三角、成渝等区域内城市连片发展，近年来，我国各城市的大气污染逐渐从局地污染向区域污染演变，相邻城市间污染传输影响突出，区域内城市大气污染变化过程呈现明显的同步性，大气污染区域化态势日益凸显。

一、成渝地区大气污染特征分析

成渝城市群是国家《"十二五"重点区域大气污染联防联控规划》"三区十群"中面积最大的重点区域，属四川盆地亚热带气候。由于盆地特殊地形，水汽不易散发，空气相对湿度较大，阴天和雾天较多，从而造成日照时间短、强度弱。由于这些地形和气候特点，使盆地大气层结构稳定，容易出现逆温和静风现象，不利于大气污染的扩散。四川盆地以石化燃料为主要能源结构，加之人口和排放集中，是中国大陆地区大气气溶胶的高值中心之一。

（一）成渝地区大气环境质量变化趋势及其影响分析

在气象科学中能见度除用来了解大气透明度、判断气团属性外，也可反映大气污染的状况，如灰霾天气现象、空气污染物浓度等均与能见度水平密切相关。从近 50 年四川盆地能见度呈现明显减少的变化趋势，减少的气候倾向率在-4.5～-0.07 km/10a。盆地能见度存在明显的季节变化，其中夏季能见度最好，均值约为 24 km，又以 7 月能见度最好，这可能与夏季风速大、降水多有关；冬季能见度最差，均值约为 10.3 km，又以 1 月为最差，这可能与冬季风速小、温度低，以及冬季能源资源使用量增加有关。影响年平均能见度变化的因素主要有风速变化、能源消耗、人口密度，其次是温度变化，风速与能见度变化呈很好的正相关；而能源消耗、人口密度与能见度呈显著负相关；温度对能见度存在一定的反相关。

（二）成渝地区大气细颗粒子污染特征

从大气环境质量监测结果来看，成渝地区颗粒物污染严重以 $PM_{2.5}$ 污染为主，$PM_{2.5}$ 浓度高于沿海城市，略低于内陆城市；成渝地区 $PM_{2.5}$ 主要化学组分比较接近，包含硫酸盐、硝酸盐、有机物和元素碳，以及少量的矿物元素。$PM_{2.5}$ 污染二次来源为主，一次来源（生物质燃烧）也有明显贡献，重污染过程硫酸盐、有机物和硝酸盐并重。其中硫酸盐、硝酸盐和有机物对灰霾天气（大气消光系数）的贡献接近 90%。成渝地区高的硫酸盐浓度主要来自强的大气氧化性，特别是在重污染天气下，随 $PM_{2.5}$ 浓度增加，颗粒物中的酸度也上升，二次离子的转化加剧。

从季节变化来看，冬春季节风速小、湿度大、雾多、逆温现象突出，城区上空容易形成气旋辐合流场，客观上造成大气污染物迅速累积增加，且不易扩散，致使区域空气质量急剧恶化。比如 2014 年 2 月四川省城市空气质量经历了春节重污染末期—冷空气改善—节后污染积累—冷空气改善四个过程。出现区域性污染 5 天（1、2、3、23、24 日），前后共波及盆地 14 个地级市（成都、南充、自贡、泸州、宜宾、德阳、遂宁、内江、雅安、巴中、资阳、乐山、广安、达州）。

二、区域环境问题的主要成因

（一）大气污染排放负荷大

成渝城市群（四川）占全省 29% 的辖区面积，集中了全省 81% 的人口，消费了 50% 的煤炭，排放了 79%～84% 的大气污染物，单位面积污染物排放强度是全省平均水平的 2.7～2.9 倍。且随着经济发展，人民群众收入增加，国家推动汽车政策，城镇化进程加快，汽车保有量高速增长。工业污染与快速城镇化阶段建筑工地扬尘管理不规范，城区道路改造滞后引起的拥堵加重汽车尾气污染相重叠，再加上污染控制对象相对单一，对细颗粒物（$PM_{2.5}$）贡献较大的挥发性有机物的控制尚处于起步阶段，污染控制要满足人民群众对改善环境空气质量的迫切要求，面临巨大的压力。

（二）区域经济发展不均衡

近年来，成渝地区经济发展迅速，但刚性的二元结构仍然是其经济发展中突出的矛盾。区域内的城市间联系也比较松散，城镇分布的不均衡，区域经济发展非均衡性，次级城市与广大腹地城市发展不充分，城市与农村、城市与城市之间的经济统筹协调发展面临很大的挑战。除成都、重庆一小时经济圈产业结构相对合理外，三次产业具有"三二一"与"二三一"错位性，区域内相关产业的专业化协作程度低，产业链短并且重复建设、产业同构现象突出。长期以来，成渝经济区存在知名品牌较少、产品延伸加工和区域自主创新能力不强的现象。经济增长主要依靠粗放型的增长方式，资源综合开发利用水平低。在发展不均衡情势下承接产业转移，进一步导致经济发展对资源的依赖性、环境恶化、产业空心化和过度竞争等问题。

（三）区域协同机制不完善

成渝地区在行政上分别隶属于四川省和重庆市，作为省际合作经济区，政策的制定会受到行政区划和经济区划不整合所带来的制约，行政界线的分割加大了成渝经济区行政协调的难度，发展战略的差异带来协调合作的障碍。国家虽已实施《重点区域大气污染防治"十二五"规划》，但按照我国现有的管理体制，地方政府对当地的环境质量负责，采取的措施以改善当地环境质量为目标，控制重点是当地污染源。区域内城市缺乏共同发展规划，互相监督、互相协调机制不完善，使得现有大气污染防治政策仍然以"各自为政"为主，难以适应区域复合型大气污染防治要求。

三、成渝地区大气污染防治建议

成渝地区经济发展水平、经济增长能力和经济密度三者的空间格局基本吻合，形成以成都市区和重庆市区为核心的圈状空间结构，且这种格局在不断的强化，高速公路发展轴经济带动作用不明显，广大地区经济仍处于落后状态，现发展阶段，核心区的极化作用占主导，区域经济发展极不平衡，区域大气污染防治一体化缺乏基础性支撑。经济伴生污染，区域污染问题也必须在经济发展过程中予以解决，随着四川出炉成都平原城市群、川南城市群、川东北城市群、攀西城市群四大城市群规划，各城市群主要城市规模相近、地域相邻、产业衔接、交通互联。其经济一体化发展为解决区域大气污染问题提供了"一体化治理"的良好平台。

为探索成渝地区大气污染治理分区一体化路径，建立"大规划，小一体"的污染治理模式，建议以川南城市群为试点，实施环保一体化先行。搭建区域大气污染防治一体化平台，构建川南城市群大气监测一体化网络，统一产业准入和污染防治一体化政策，统一大气污染防治目标。

（一）环境影响评价一体化

环境影响评价一体化应包括战略、规划、项目三个层次。首先通过川南城市群国民经济和社会发展战略环评，为川南城市群一体化发展战略提供决策支持。为川南城市群一体化发展产业布局优化、工业结构调整、城镇体系构建等重大问题提出战略性、前瞻性和综合性的政策建议。其次通过规划环境影响评价对川南城市群一体化发展的资源环境承载力进行科学评价。从川南城市群发展的根本和全局出发，充分考虑区域生态环境的支撑能力和环保需求，用经济和环保双赢的眼光，通过规划环评使规划中各要素布局趋于合理、比例趋于合理，减少彼此间的干扰影响，使规划区内各要素和谐统一，从源头上防止环境污染并为领导决策提供科学依据。最后建立川南城市群区域环境工程评估中心，对一体化进程中的建设项目可能造成的环境影响进行分析和预测，在新上项目的选址、生产工艺、生产管理、污染治理、施工期的环境保护和总量控制指标上实施统一管理。

（二）产业布局一体化

适逢国家长江经济带建设战略，川南城市群一体化发展应依靠市场机制的推动作用，打破行政区界限，充分利用江河通道以及不同地区的资源、经济和技术的互补性，在同一市场的基础上，通过各地区之间资源、资本、信息、技术等各种要素的流动与配置，建立分工协作、优势互补的区域产业体系，最终实现经济合理分工与资源合理配置联系。加强区域协作，进行产业结构升级及产能过剩调整，从源头上解决污染问题，实现区域污染治理和环境质量改善的目标。

（三）生态保护一体化

川南四城，由沱江和长江串联起来，共同担负着构建长江上游生态屏障的重要职责。在污染治理方面，只有建立川南联防联控机制，才会事半功倍，根据《川南经济区合作发展协议》约定"加强生态环境共建共治"。在生态保护中应统一实施生态分区与分级管理，建设点、线、面相结合的一体化生态保护体系。根据综合功能区划确立重点开发区、优化开发区、限制开发区和禁止开发区，严守生态红线。并统筹生态环境保护和乌蒙山连片扶贫开发，建立健全区域生态补偿机制，落实"谁开发谁补偿、谁受益谁补偿、谁破坏谁恢复"的责任。对生态脆弱地区实行的政策支持和特殊税收政策，使资源开发区能够通过这种补偿机制，弥补资源地由于资源开发承担的额外生态成本，有条件进行产业结构调整、发展优势产业，达到发展区域经济、修复生态环境、摆脱贫困，步入经济社会和谐发展的良性循环道路。

三、总量控制篇

以污染减排为抓手，促进区域生态文明建设

北京市丰台区环境保护局　战　军

摘　要： 污染减排作为建设生态文明的重要举措，既是强力推进环保工作的举措，也是以此推进产业结构调整、转变发展方式的重要抓手和切入点。北京市丰台区通过提高认识、加强齐抓共管，科学梳理、统筹安排，狠抓污染减排项目，严格落实减排"三大体系"，严格执法等主要措施，在推进当地的生态文明建设中起到了至关重要的作用。

关键词： 污染减排　区域　生态文明建设

　　生态文明建设，是关系人民福祉、关系民族未来的长远之计，党的十八大报告把生态文明建设放在突出地位，纳入中国特色社会主义事业总体布局，首次把"美丽中国"作为生态文明建设的宏伟目标。2014 年是贯彻落实"十八大"精神的关键之年，是实施"十二五"规划承上启下的攻坚一年，丰台区作为北京市南城最有活力的区域，环保工作要以生态文明建设为统领，以治理 $PM_{2.5}$ 污染为重点，以污染减排为抓手，实现人民心中的"美丽中国梦"。

一、生态文明建设的内涵和要求

　　"十八大"将生态文明建设提升到与经济建设、政治建设、文化建设、社会建设并列的战略高度，纳入中国特色社会主义事业"五位一体"的总体布局。2014 年"两会"期间，环保话题被广泛聚焦，建设美丽中国与环境的改善，更是与"中国梦"紧紧相连。

　　深入理解和准确把握生态文明的内涵，是推进生态文明建设的重要前提。推进生态文明建设，是加快转变经济发展方式的必然要求。生态问题本质上是发展方式、经济结构和消费模式的问题。生态文明建设，对转变经济发展方式具有最直接的倒逼作用。它不仅有利于缓解要素制约，腾出承载空间，提供必要的资源环境容量，也有利于加快淘汰落后产能，发展循环经济，推动经济结构调整优化，培育经济发展新优势。李克强总理指出，面对绿色发展的时代要求，环保系统必须切实增强忧患意识，深入分析经济发展与环境保护工作深层次的矛盾与关系，以环境保护进一步推动转变发展方式、调整经济结构、优化产业布局，以高度的责任感和使命感，实现以环境保护优化经济发展。绿水青山贫穷落后不行，殷实富裕环境恶化也不行。我们需要进一步创新发展理念，推动科学发展。

　　推进生态文明建设，是提升人民群众生活品质的有效途径。随着城乡居民生活水平不断提高，人民群众对环境质量的关注度也越来越高，要求治理污染、改善环境的诉求更加

强烈。生态环境能不能得到根本改善，环境权益能不能得到有效保障，直接关系到人民群众生活质量，关系到社会和谐稳定。必须始终坚持以人为本、执政为民的理念，秉持"发展惠民、环保为民"的要旨，着力改善人居环境，在发展中要让人民呼吸洁净的空气，饮用安全的水，妥善化解由环境问题带来的社会矛盾，促进社会和谐稳定。

二、污染减排是建设生态文明的抓手

污染减排作为建设生态文明的重要举措，既是强力推进环保工作的举措，也是以此推进产业结构调整，转变发展方式的重要抓手和切入点。污染减排是一项长期的战略任务，任重道远，需要以污染物总量减排为主线，以环境统计为抓手，以优化产业结构、实施重点工程为途径，以强化责任、加强监管为保障，按照"控制总量、消化增量、削减存量、监督排量、腾出容量"的原则，加快工程减排，强化管理减排，推进结构减排，充实和完善污染减排体系，融入社会经济发展的各个领域、各个环节，充分发挥污染减排对于促进经济社会又好又快发展、促进区域生态文明建设的作用。通过环评制度严格控制新增污染物排放量，加大燃煤锅炉清洁能源改造和污水处理等工程力度，加快产业结构调整和高耗能、高污染行业以及老旧机动车的淘汰力度，推进燃气电厂烟气脱硝工程，推动农业畜禽养殖粪污综合利用，制定和实施有利于减排的金融、财税、贸易政策，加大环境违法行为的查处力度，加强重点治污设施监管力度，向结构减排要空间、向工程减排要能力、向管理减排要效益。

三、丰台区生态文明建设面临的形势

丰台区正处于大建设、大发展的阶段，随着经济的发展、人口的增长，人口资源环境的矛盾更加突出。目前丰台区常住人口达 211 万、能耗达 393 万 t 标煤，且仍将保持增长态势，加之丰台处在城乡结合部地区，基础设施方面非常薄弱，在环境建设方面还有不少历史欠账，污染减排任务非常艰巨，面临"增量"持续增加和"存量"削减空间收窄的双重压力。环境状况总体恶化的趋势尚未得到根本遏制，损害群众健康的环境问题依然存在，改善环境质量的进程与广大人民群众的期盼仍有较大差距。

（一）大气污染控制任务非常繁重

随着第二阶段城南行动计划的实施，辖区内道路、轨道交通、河湖治理等城市基础设施将迎来新的建设高峰期，预计每年将有近 400 个工地、2 000 万 m^2 的建设规模，160 km 的城市道路每日将通过近 60 万辆的机动车，施工扬尘、汽车尾气排放管控难度进一步加大；印刷、汽车修理、涂料等行业排放的挥发性有机污染物对空气质量的影响也日益突出；燃煤锅炉改造清洁能源协调难度大，改造形势严峻；受自然地理条件和周边地区污染物传输的影响，大气污染治理形势严峻。

（二）水污染防治任务艰巨

目前，丰台区地表水仍处于重度污染状态（均为劣Ⅴ类），一是部分城乡结合部雨污合流、私排乱放情况时有发生。二是当前城市化进程较快，城市基础设施建设相对滞后，城市污水超排、直排河道现象严重。三是早期城市建设与管理中，城市雨污管线、污水处理设施建设不到位。造成区域水污染防治工作困难较大。

（三）污染减排"存量"削减空间收窄

由于"十一五"时期河西地区减排措施已充分挖潜，目前缺乏处理规模大的水污染物减排替代项目，然而河西再生水厂污水网线建设尚未完工，水主要污染物减排目标完成压力很大；由于新建燃气机组、经济指标增长导致全区新增天然气消耗量增加，加上新增机动车带来的氮氧化物新增排放量，仅靠燃煤锅炉改造项目和淘汰老旧机动车难以完成年度大气主要污染物减排任务。

四、以污染减排为抓手推进生态文明建设

1. 提高认识，高度重视，齐抓共管

一是强化领导。围绕污染减排等环保重点工作建立健全联席会议和联动机制，做到组织到位、人员到位。按照"早部署、早开工、早见效"原则，强力推进减排工程建设，抓好领域控制面，监管考核守住线，找准创新突破点，层层分解任务、落实责任。二是加大投入。认真贯彻落实市政府清洁空气行动计划要求，积极推进燃煤锅炉改造等减排重点工程。针对辖区内多产权单位及困难企业较多、改造资金筹措难问题进行补助。三是加强督办。把主要污染物减排列入区政府折子工程和实事工程，同时将河西再生水厂建设项目一并列入区政府折子工程。实行"纵向到底、横向到边、齐抓共管"的责任管理体系，将污染物减排、空气质量改善、污水处理设施建设、再生水利用、环保专项整治等重点工作列入重要督查事项并纳入绩效考核范围，考核结果作为领导班子和领导干部综合考核评价的重要内容，作为干部选拔任用、监督管理、绩效评定的重要依据。

2. 科学梳理，统筹安排，夯实减排工作基础

坚持科学梳理和规划，加强基础调查，摸清底数，建立污染源排放档案，根据丰台区经济指标和人口的变化、基础设施建设、燃煤锅炉改造、火电行业烟气脱硝、老旧机动车淘汰、规模化养殖场污染设施治理、养殖数量的变化及河西再生水厂等重点项目的推进情况，统筹安排污染物减排计划，建立减排的基础台账、控制台账、增量台账以及削减工程项目支撑台账，科学制订计划，加强责任分解。严格控制污染源增量，严格控制新建项目审批，把能耗标准、环保标准作为项目建设的刚性门槛。

3. 突出重点，推进落实，狠抓污染减排项目

（1）大气污染物减排工程进展顺利。一是大力推进燃煤锅炉清洁能源改造。积极协调区发展改革委、财政局、市政市容委等相关部门推进燃煤锅炉清洁能源改造进度，从源头减少燃煤使用量，截至 2013 年底，共完成 1 621 蒸吨燃煤锅炉清洁能源改造；同时，推动低硫优质型煤替代工作，建立平房优质型煤加工体系，减少二氧化硫等大气污染物排放量。二是加大老旧高排放机动车淘汰力度。截至 2013 年底，完成老旧机动淘汰共 17.7 万辆。加强组织，督办淘汰进度，严格在用车年检，加强路检、夜查、入户抽查，加强工地施工机械等非道路车辆排放管理，加强检查落实加油站油料置换工作，确保国 V 标准顺利执行。三是工业结构调整和污染防治取得新进展。通过关停沥青防水卷材、电石法制乙炔等高污染落后生产工艺、土砂石开采等污染行业以及园区以外规模以下的化工、石材加工和砖瓦等生产企业，丰台区提前完成"十二五"期间退出"三高"企业任务。四是大力推进工程减排力度，建成河西再生水厂、园博园污水处理站、丰台看守所污水处理站和晓月苑污水处理站并完成华电（北京）热电有限公司和北京京丰燃气发电有限责任公司烟气脱硝工程减排。

（2）水污染减排工作步伐加快。2012 年北京市政府将污水处理率和跨界断面水质综合达标率指标纳入对区县的绩效考核体系。目前已完成永定河水系综合治理工程。加快推进新增污水处理设施建设进程，晓月苑污水处理站、丰台看守所污水处理站已建成，并正式投入运行；丰台区河西再生水厂厂区主体土建工程已完成，并于 2013 年 11 月 15 日正式试运行，雨水管线工程已全线贯通，污水管线完成工程总进度的 82%，中水网线进展到50%。

4. 严格落实减排"三大体系"

科学的污染减排指标体系、准确的污染减排监测体系和严格的污染减排考核体系是对污染减排目标完成情况进行检验的基础，是准确反映污染减排成效的重要依据。强化对全区环境污染源的监管，对 22 类污染源 1 959 个重点监管监测对象定期执法监督。加强减排设施的日常监管，每月对 6 家国控源、31 家市控源及重点减排项目至少检查 1 次，确保了污染治理设施的正常运行。不断加强污染源自动监测的督促检查，积极开展污染源自动监测数据有效性审核，严格按照规范开展污染源自动监测数据有效性审核，每季度对国控重点污染源、每半年对市控重点污染源进行现场监督检查和比对监测，未发生责任污染事故，确保了区域环境安全。

5. 加强管理，严格执法，提升保障能力

建立督查考核机制、完善环保财政激励政策、加强污染减排执法监督、加强污染减排管理能力建设、广泛动员全员参与，倡导绿色、低碳的生产生活方式。

五、污染减排下一步计划

认真贯彻落实党的十八大精神，以生态文明建设为引领，做好"四个加强"，推进减排抓手作用，促进丰台区生态文明建设。

（一）加强对区域污染源情况的了解

"底数清、情况明、数字准"是做好总量减排工作的前提，做好减排月报、环境统计工作，对重点项目进行认真督导，及时掌握各减排项目的最新进展情况，制定出切实可行的计划和方案，为污染减排工作提供决策依据，减排抓手作用才能更有针对性。

（二）加强项目推进，加大减排力度

强化调度，发挥减排联动机制作用，组织联合督查，加快推进减排项目的实施。加快淘汰电力、钢铁、造纸、印染、氮肥等重点行业的落后产能，大力推进产业结构优化升级，加快改造传统产业。污染减排首先要减少污染物产生量，仅通过管理和末端治理不能从根本上解决环境问题，这就要求推进清洁生产，提高生产的技术和装备水平，大幅度削减生产过程中的污染物产生量，构建低消耗、少污染的现代经济体系。

（三）加强减排项目的监察监管力度

进一步加强国控和市控重点污染源的环境监管，全力抓好列入减排核算全口径核算范围项目减排措施落实。通过环境监察执法，督促企业减排措施正常运行。充分发挥在线监测和监控系统的作用，提高环境执法的科学性。对于监察中发现的生产运行记录、在线监测、减排台账中的问题，进行严肃查处。深入开展化工企业整治、水源保护等专项行动，对重污染行业进行清查，淘汰落后的处理工艺和设施，倒逼落后产能迅速退出市场；进一步加强环保部门与其他部门的联合执法机制，建立案件移送制度，堵截环保违法行为查处的漏洞，形成打击环境违法行为的合力。

（四）加强环境准入制度，有效控制排污增量

针对主要污染物新增量较大的状况，严格执行环境准入的规定，把污染物总量指标作为审批项目环评的前置条件，作为审查规划环评的必要条件，严格建设项目总量指标管理，实行污染物排放减量替代，通过"以新带老"，实现增产减污、总量减少，其中石化、化工、电子、水泥、汽车制造、印刷等工业项目新增排放量实行现役源2倍削减量替代。实行区域和行业限批，强化对高耗能、高污染行业的环境管理，对不符合产业发展政策、市场准入标准、环保法律法规要求，以及无法通过区域平衡等替代措施削减污染总量的项目一律不予审批，通过严格的环境准入制度，优化能源结构、逐步实行煤炭总量控制，倒逼区域产业结构调整和增长方式转变，控制排污增量，推动污染减排任务的落实。

污染减排工作在基层推进中的几点思考

山西省阳泉市环境保护局　王建源

摘　要： 本文介绍了山西省阳泉市污染物总量减排工作取得的成绩、存在的难点。并且提出了加强联动发挥主体协作作用、全面明确牵头考核指标部门、合理确定新增城镇人口排放、构建合理畜禽养殖治理机制、做好顶层设计推动机动车减排、各级减排考核要下考两级、加强城镇污水处理建设指导等解决问题的基本措施。

关键词： 污染减排　基层　对策措施

污染物减排是调整经济结构、转变发展方式、改善民生的重要抓手，是改善环境质量、解决区域性环境问题的重要手段。自"十一五"以来，各级实施减排措施，大幅度推进治污工程建设，四项主要污染物排放基本得到控制，环境恶化趋势得到一定程度缓解。在推进污染减排的过程中国家不断出台有关政策措施，省市结合实际自加压力持续稳定推动了地方污染减排工作。作为一名基层环保工作者有幸直接参与了地方政府的污染减排工作，在实践过程中对污染减排工作也有了自己的思考。

一、污染减排工作取得的成绩

（一）污染排放得到一定控制

在"十一五"化学需氧量和二氧化硫大幅度减排的基础上，"十二五"在氨氮和氮氧化物控制上也取得了明显的效果。四项污染物排放整体按照国家、省、市要求逐年下降，对整体污染趋势的减缓发挥了一定的作用。

（二）环保减排获得全面认知

污染减排经过"十一五"起步、快速实施和"十二五"进一步深入推进，各级政府已将污染减排工作纳入政府正常工作体系中，形成了环保牵头，各部门积极配合的工作格局。企业也将污染治理，环保工程设施建设及运行管理列入企业科学发展的必备环节。人民群众亲身感受了环境的变化，对环保的关注超过以往任何时候。可以说污染减排已全面获得政府、企业和人民群众的广泛认知，正在转化为各种主体的自觉行为。

（三）污染减排领域不断扩大

污染减排从最初的城市污水处理削减人口排放的大量化学需氧量和工业企业脱硫除尘治理削减大量的二氧化硫两项指标开始，现在已经扩大到包括氨氮和氮氧化物削减的四项污染物。污染减排领域也从最初的人口排放和工业企业污染治理衍生到机动车污染治理和农业畜禽养殖污染治理。减排领域从横向和纵向都得到了扩大和发展，这一趋势也势必会继续延伸和发展下去。

（四）减排监督技术手段创新

污染减排能否取得真正效果，很重要的依靠就是各级环保部门的监督检查和上级政府对下级政府的目标责任考核。在新技术大发展的同时，污染减排监督手段也获得了很大提高和改进。各级全面引入了污染源在线自动监控设施，实施对污染源的全天候不间断监控，对污染治理设施的正常运转发挥了非常好的监督作用。在考核内容上由过去的指标完成，增加了监测体系建设和减排重点项目完成情况考核，并将此两项列为"一票否决"，其完成与否直接决定减排的完成。

二、污染减排工作中存在的难点

（一）政府牵头部门联动出现松动

污染减排工作的有效推进需要政府协调环保、发改、经信、建设、水务、农业、公安、交警、统计等多个部门。只有各个部门的有效配合才能在源头预防、中间管理、末端治理等各个环节真正地推进污染减排健康发展。但现在的实际情况是政府和环保部门着急，其他部门不着急。本该全心开展企业污染治理和环境管理监督的环保部门，需要腾出大量的精力用到协调和沟通部门联动上，这样就造成了"主业和副业"都没干好的两不好局面，在很大程度上影响了污染减排的推进。

（二）考核指标部门职责分工不利

国家考核的四项约束性指标目的是考核各级政府对推动减排的整体工作开展情况，考核的对象是各级政府。但实际操作起来考核的四项指标承担的责任部门只有环保部门一家，而对完成指标任务必须依靠的水务、建设、公安交警、农业等部门的职责任务没有考核。这样在抓手上就对除环保部门之外的其他部门没有硬性约束。考核的化学需氧量和氨氮两项指标需要水务和建设管理的污水处理、管网建设单位和农业养殖污染治理来完成。考核的氮氧化物涉及机动车污染治理，黄标车淘汰需要公安交警的绝对配合。这些单位现在既是完成指标的主体，又是环保部门监督的对象，而考核指标却只针对环保部门一家，这就造成了环保部门既当裁判又当运动员的尴尬，在监管上带来了很多弊病。

（三）城镇人口新增排放核算不实

"十一五"时期和"十二五"初期上马了大量的市级、县级污水处理厂，在接纳市区县区城镇人口污水排放上做出了很大贡献。当前各级城镇人口统计包括了市、县城区范围的全部人口和部分乡镇的城镇化人口。城镇新增人口也是在这个范围内统计，这样的新增人口就包括城市区的新增人口和乡镇区的城镇人口。实际中城市区的新增人口污染物排放量是真正的新增排放量，也是市县区污水处理厂应该处理的量。乡镇城镇化的新增人口在楼房小区建设不足和没有建设的情况下产生的污染物还是和农村人口的排放没有区别，这部分作为统计的新增人口带来的新增排放量是很不合理的。这导致了各级削减新增量的难度和市县级污水处理率统计的不实。

（四）畜禽养殖污染治理科学性差

1. 农业环保部门配合不默契

畜禽养殖污染治理最好的途径是源头治理。源头治理需要农业部门在规划养殖区、审批养殖业生产手续时在源头上就得考虑土地承载消纳力，控制集约化规模等，还有就是在审批中协调配合环保部门对养殖的环境影响评价审批，共同协作把好源头治理关。但实际中部门配合不紧密，农业部门考虑发展多，与环保部门的要求还是存在冲突，因此造成了源头把握不严、不合理现象。

2. 畜禽养殖治理鼓励模式引导不好

畜禽养殖污染治理五类鼓励模式中达到 100%认可的主要是生产有机肥和沼气沼渣沼液全部利用两类模式，而这两种模式在实际运行和操作中有很多的弊病。前期投资大，运行不好是这两种模式的最大软肋。投资大导致企业生产困难，运行不好造成极大的资金浪费，同时也是基层环保部门管理监督的难点之一。从实践看最原始的粪污堆沤转化成肥料还田是最符合科学的处理模式。现在的鼓励模式中对这种认定减排率只能达到70%～90%，与平均去除率基本持平，在绝对削减量上几乎没有贡献。这实际上是在政策鼓励上抹杀了最科学的模式。今后应该在探索符合实际的科学治理模式上下功夫，确保达到真正的畜禽行业发展和治理科学化。

（五）机动车减排顶层设计不给力

1. 部门协调不畅

机动车污染减排中一项很重要内容就是开展机动车环检工作。当前这一工作主管部门是环保部门，而实际中按照现有的环保法律法规和政策职权，环保部门一家无法真正能够独立开展好此项工作。环保部门没有针对不环检车辆的上路查处和管理权限。要开展好此项工作必须有当地公安交警部门的大力配合。执行环保部门要求的"先环检后安检"要求，没有在上级部门做好共同联合的顶层设计，哪怕是环保、公安合发的这方面政策规定的文件也没有。这样导致环保部门推动这项工作的大部分精力用在了协调公安交警上面。而公安交警部门又因没有上级部门的法律法规和文件要求，在配合此项工作时显得很难作。特别是在上路查处不环检车辆工作几乎没法开展，这也失去了最好的推进环检工作的重要抓手。目前机动车环检率和发标率整体提高不快是顶层设计不到位的集中体现。

2. 当前机动车减排重点抓源头不够

机动车减排主要依靠环检发标、发动机标准提高和油品升级三大抓手。目前环保部门只是在车辆环检发标上要求和推进较快，但从实际效果看靠这项工作减少机动车排放的效果不大，只是在提高老百姓对机动车污染的认识上有一定的作用。实际中最主要的机动车污染排放控制还是得依靠机动车发动机标准质量提高和机动车燃油品质提高，而这两项源头预防治理工作整体推进较慢，远远跟不上当前大气污染防治对机动车排放提出的新要求。

（六）减排考核单元以县区为主做得不好

当前污染减排四项国家约束性指标和两项省级约束性指标在考核和核查中采取的形式主要是国家对省、省对市、市对县上一层级对下一层级下达计划任务，各自层级对各自层级指导督促和考核，上一级对下一级只管宏观区域内的指标完成，而对大区域内的小区域控制不好，这样造成在管理监督上是国家着急、省级最着急、市级很着急、县级一般急、乡级没感觉，减排效果上是大区域看完成了，而部分小区域完成的不均匀、不对等。这种层级考核办法在一定程度上降低了对主要减排主体县区一级的压力，而县区主体也产生了松懈的现象，特别是扩权强县后，权力的全面下放更加造成了市级监督考核县区的难度，在一定程度上影响了减排的整体推进和应有效果。

（七）乡镇污水处理厂建设模式和规模指导不强

环保目标责任书中要求规模建制镇要建设污水处理厂，集中处理乡镇镇区居民污水。这一要求的提出没有同时出台更有利的乡镇污水处理模式、规模和运行的指导意见。如果没有科学的指导和配套政策就盲目开展建设，容易导致建设的浪费和不科学。特别是后期的管理和运行会出现很大的麻烦。

三、解决难点的基本措施

（一）加强联动发挥主体协作作用

要在过去政府主导、环保牵头、部门联动的松散机制上，进一步建立联系紧密的协作机制。重点要将污染减排相关内容，细化责任、细化考核指标到每一个政府部门，使政府相关部门各负其责，独立参与政府考核，让每一个部门将过去的协作配合转变为自觉履行职责、自觉完成任务、自觉接受考核的主体紧密协作关系。

（二）全面明确牵头考核指标部门

污水处理厂承担的化学需氧量和氨氮减排指标任务要从部委、省、市、县各个层级逐层纳入考核主管的建设和水务部门，农业畜禽养殖污染减排考核也要按照这样的模式考核农业部门。其他涉及的淘汰落后产能、结构调整、国民经济统计等都要按照从上到下的顺序全部纳入年度目标责任考核中，让各部门真正按照考核要求履行各自职责。这样环保部门就可以全身心按照法律法规监督督促各个减排项目和工程的正常推进。

（三）合理确定新增城镇人口排放

污染减排在"十一五"的大力推进下，大批的污水处理厂基本建设投入运行，处理能力基本固定。各地城镇化率是考核政府发展的一项指标，因此城镇化率比例逐年提高是政府追求的目标，导致新增城镇人口每年居高不下，新增水污染物排放量非常大。这些新增人口不仅包括城市区新增人口，还包括乡镇城镇人口，城市区新增城镇人口排放的污染物基本能够经过城市污水管网收集处理，而乡镇城镇人口由于居住方式和基础设施建设的滞后，污染物排放与城市区人口完全不一样，一部分经过旱厕变为农田肥料，另一部分进行了外排。所以在年度新增城镇人口污染物排放统计时要合理考虑这些因素，体现新增人口排放的科学性。

（四）构建合理畜禽养殖治理机制

畜禽养殖污染治理因为是新增减排领域，在推动畜禽养殖污染治理上不能按照工业企业的要求去实施。要从源头上做好农业养殖区的规划，按照土地接纳、环境容量等因素统筹考虑养殖区的布局、养殖种类和规模，在源头上做好预防和控制。农业部门要和环保部门联合做好每个养殖区和养殖场的环境影响评价和污染治理工作。要从政策出台、资金补助等方面加大对养殖业污染治理的引导和投入。环保部门要从养殖业的实际出发继续探索真正符合实际的养殖业鼓励治理模式，并在认可减排率上尽量提高比例鼓励好、引导好符合实际的、科学的畜禽养殖治理模式，真正发挥治理效果。

（五）做好顶层设计推动机动车减排

首先要从环境保护部和公安部最顶层联合做好机动车污染治理政策出台，法规制度，建立既紧密协作又分工负责的联合工作机制，从最顶层设计好推动机动车污染减排的政策法规和联动机制。通过顶层设计，层层推动，真正做好机动车污染减排治理工作。其次环保部门要从源头上超前做好机动车发动机标准质量规范，商务、发改等部门做好全域范围的油品升级，提高油品质量，共同把好源头预防治理关口，这样才能从根本上缓解机动车污染。

（六）各级减排考核要下考两级

要改变过去那种部只考核省，省只考核市级，市级只考核县级的减排考核监督模式。要建立上一级考核下两级的模式，增加考核乡级任务，这样才能让省、市、县、乡四级全部动起来，发挥各自政府主体作用，从考核机制继续增加减排压力，从而更好地推动减排工作。

（七）加强城镇污水处理建设指导

伴随城镇化的快速推进，城镇污水处理必须提上议事日程。大的城镇污水处理可以按照城市污水处理模式去建设和运行。中小城镇城市污水处理模式需要上级紧跟实际调研，研究出台符合中小城镇污水处理、建设、运行模式的指导意见。通过统一的指导、政策的扶持确保小城镇污水处理厂建设的合理、处理的有效和运行的稳定，真正发挥小城镇污水处理在污染减排工作中的作用。

以环保三年行动计划为抓手持续推进污染减排工作

——闵行区污染减排工作的一点探索和思考

上海市闵行区环境保护局　韩晓菲

摘　要： 闵行区作为上海市的重要工业基地和人口导入区，资源人口环境束缚和经济发展需求之间矛盾突出，污染减排工作面临着严峻的形势。"十二五"以来，闵行区依托环保三年行动计划工作机制，将总量控制任务层层分解，落实责任，从而形成工作合力，有效推进全区污染减排工作取得扎实成效。本文介绍了"十二五"以来闵行在该机制的有效推进下污染减排工作的主要做法和成效，指出进一步推进污染减排工作面临的困难和问题，并提出了建议措施。

关键词： 三年行动计划　污染减排　对策措施

污染减排和总量控制任务是国家下达的刚性任务和约束性指标，也是促进经济转型发展和改善区域环境质量的有效措施。闵行区作为上海市西南地区重要的工业基地和人口导入区，面临人口总量不断增加、资源能源消耗加剧和减排空间十分有限的工作形势，根据"十二五"上海市下达的污染减排任务，以滚动实施环保三年行动计划工作为抓手，不断完善污染减排工作机制，通过强化减排责任分解落实、加大减排资金投入、推进减排绩效评估和考核，近三年来，有效落实了减排各项措施，顺利实现减排阶段性目标任务。

环保三年行动计划是以三年为一轮，以项目化方式制订任务和目标，明确工作责任和措施，从而将全区各方力量整合在一起，聚焦工作重点，加大资金投入，推动工作有效开展的一种工作机制。面对"十二五"减排的艰巨工作任务，正值闵行区滚动实施第四轮、第五轮环保三年行动计划期间，闵行区抓住这一契机，围绕污染减排各项任务，累计制订 115 个项目，累计投入资金约 300 亿元，不断加大清洁能源替代力度，扎实推进重点领域减排项目，严格实施增量项目审批控制，深入推动产业结构调整，进一步强化减排统计、监测和考核体系建设。截至 2013 年，全区工业 COD、$NH_3\text{-}N$、SO_2、NO_x 排放量分别在 2010 年基础上削减 5.25%、5.73%、30.15%、17.62%；农业 COD、$NH_3\text{-}N$ 排放量分别在 2010 年基础上削减 29.97%、21.36%；工业、农业主要污染物均实现时间过半、任务过半的目标。

一、主要做法

（一）完善工作机制，形成工作合力

1. 分解落实目标任务，明确各单位减排职责

根据上海市政府与闵行区政府签订的《闵行区"十二五"主要污染物总量减排目标责任书》，进一步制订《闵行区"十二五"期间主要污染物总量控制工作方案》，将减排目标任务因地制宜地确定至各街镇工业区以及集团公司，并签订目标责任书。

2. 建立协调推进机制，强化部门间合作联动

依托环保三年行动计划推进平台明确减排各项任务，建立起职能部门把关，区、镇两级政府、责任部门负责，相关部门和单位密切配合，统一领导、齐抓共管、合力推进的减排工作格局。

3. 建立考核评估机制，强化各地区减排责任

将减排完成情况作为街镇领导干部年度绩效考核的重要内容，每年对减排情况进行考核，进一步强化了街镇、园区等基层政府的减排责任。

（二）健全制度政策，加快项目推进

1. 严格执行"批项目、核总量"制度，严控污染增量

制订《闵行区"十二五"期间建设项目主要污染物总量控制实施办法（试行）》，将"批项目、核总量"作为项目环评审批的前置条件，建立起街镇、园区、集团明确来源、区环保局审核把关的工作机制；同时，以"批项目、核总量"为抓手，倒逼存量削减，有效推动区域污染企业结构调整及减排工程实施。新增总量全部通过关停企业或生产线、实施中水回用等措施在区域内或企业内实现了消纳平衡。

2. 加快推进清洁能源替代和存量削减

由区环保局、区发展改革委、区经委、区建交委、区财政局、区审计局、区质监局等七部门联合制订《关于落实燃煤（重油）锅炉清洁能源替代工作的通知》，明确责任和分工。2010—2013年，全区共完成产业结构调整项目144项，关停重点污染企业及生产线12项；完成中小锅炉清洁能源替代或拆除71台；4家规模化畜禽养殖场实施了生态化改造。

（三）加强执法监管，确保减排设施稳定运行

1．切实加强污水处理厂的执法监管

加大了对区内 2 家污水处理厂的执法监管。每月对设施运行情况及污染处置情况开展现场监察，对进出水水质进行监督监测，并按季度严格开展在线监控设施运行考核及在线监测数据的有效性审核，对于存在的问题及时提出整改要求，确保了 2 家污水处理厂废水处理设施及在线监控设施的稳定运行。

2．切实加强脱硫设施的执法监管

加大了对已建脱硫设施的监管力度，除国控企业按月开展日常监理，按季度开展监督监测及在线数据有效性审核外，对于区控企业加强日常监理，每半年开展一次监督监测，督促企业加强脱硫设施的运行管理，确保脱硫设施的稳定运行。

3．切实加强废水、废气治理设施的执法监管

除了重点加强脱硫设施的监管外，继续加强了对企业废水治理设施及其他废气治理设施的执法监管。2013 年，共对废气处理设施未保持正常运行的 6 家企业、水处理设施未保持正常运行的 1 家企业、大气污染物超标排放的 3 家企业以及水污染物超标排放的 4 家企业实施行政处罚，处罚金额达到 42.5 万元。

（四）强化能力建设，夯实减排"三大体系"

1．切实加强减排监测能力建设

根据国家及市有关污染源自动监控工作要求，明确了企业污染源自动监控设施建设要求，以及环境监管、监察、监测等部门在污染源自动监控系统运行监管中的职能，进一步规范了全区污染源自动监控系统建设和运行监管工作。同时，召开国控企业及区控企业在线监控工作推进会，落实在线监控工作要求。目前闵行区所有国控企业均已完成在线设备的更新工作，并完成验收工作。实施空气质量在线监控系统的改造，新建集污染源和环境质量自动监测数据收集、审核、统计、发布于一体的监测监控平台。目前监测数据有效审核率、信息公开率均达到国家要求。

2．切实加强减排绩效评估

在减排统计核算的基础上，还依托科研机构力量，启动了"闵行区污染物总量控制及减排绩效评估"工作，全面开展本区年度减排绩效跟踪评估，评估减排成效、挖掘减排潜力、分析存在问题，为科学推进减排工作提供了技术支撑。

（五）应对新形势，推进对挥发性有机物的治理试点工作

根据环境保护部《重点区域大气污染防治"十二五"规划》（环发[2012]130 号）及上

海市环保局《关于加强本市重点行业挥发性有机物（VOCs）污染防治工作的通知》（沪环保防[2012]422 号）精神，闵行积极推进四家企业的 VOCs 治理试点工作。一是将 VOCs 治理试点工作纳入环保三年行动计划推进平台，加大综合协调推进力度；通过街道、镇与 4 家治理试点单位签订减排责任书，并督促其必须在规定时间内完成 VOCs 治理试点工作。二是推进工程措施：积极推进污染企业专项整治工程，为改善大气环境质量提供有力保障。如上海紫江彩印有限公司采用国内技术回收复合废气的溶剂蒸气，溶剂回用率达 90%。三是落实技术措施。以应用新工艺、新技术、新材料、新管理推进为抓手，从源头减少污染。如上海紫丹印务有限公司以水性油墨替代油性油墨，大大减少了有机挥发物的排放。

二、存在的困难和问题

随着闵行区经济持续高速推进、经济与人口规模不断放大，同时产业结构调整难度不断加大、产业效率有待提升的情况下，闵行区未来节能减排工作面临重大压力。

第一，从经济发展规模来看，闵行区经济仍处于持续发展期。近五年，闵行区经济总量年均增长率为 10.38%，根据"十二五"规划预计，今后两年也将超过 7%速度发展。随着产业发展的不断扩张，人口规模不断导入，对能源和资源的刚性需求仍在增加，闵行区生态环境和产业发展面临巨大的资源能源消耗和污染排放压力。由此，闵行区可能会出现单位 GDP 能耗呈逐年下降，但是人均能源消耗量却增加的情况。

第二，从产业结构来看，尽管近几年三产发展加快，但闵行区第二产业比重仍达到 61.1%，其中重工业产值工业总产值比重达 68.6%、重工业企业数量占总规模以上工业企业数量的 60.0%。可见，长期来看工业是闵行区的支柱产业，而以吴泾工业区重化工企业为代表的闵行工业重型化结构将给闵行区域资源能源需求水平及污染物排放产生巨大压力。此外，近几年闵行区着力转型发展，加快产业结构调整，大力推进落后产能淘汰，有效促进区域节能减排。但是，随着落后产业结构性调整的逐步到位，粗放的村、镇工业已基本完成向技术型企业的转型，大量高污染企业已完成或正在转向高技术、低排污的研发型企业，闵行区综合能效与排放强度已经处于全市较先进水平。但与此同时，随着大部分落后、劣势产能淘汰工作的完成，闵行区未来结构性节能减排空间逐步压缩，并且难度越来越大。

第三，从产业效率来看，闵行区产业技术水平还有提升空间，生态产业链不够完善。目前闵行单位工业用地工业增加值产出率与国内外先进地区水平及环境保护部生态文明建设指标要求相比还有一定差距。这一方面说明闵行区工业用地集约利用水平有待提升，另一方面说明闵行区各工业产业技术水平有待提升，完善高效的产业链还很健全，闵行区内的多个国家级开发区、市级工业园区、区级工业园区，园区间尚未形成互利、共赢的生态产业链。

此外，节能减排中污染减排激励扶持政策的短板显得较为突出，企业减排的主观动力不强，减排潜力不足。总之，未来如何处理经济发展与环境保护、节能减排之间的矛盾是闵行区面临的一个现实问题。

三、下阶段对策措施

(一)加大清洁能源替代力度

加快推进中小锅炉清洁能源替代,根据上海市清洁大气行动计划,力争至 2015 年完成剩余 90 台关停、拆除或清洁能源替代;加强已建减排设施的运行监管,确保综合脱硫效率达到 70% 以上。

(二)强化重点企业污水减排

全面推进工业企业工业废水排放控制工作,其中占全区污染负荷 65% 以上的废水重点监管企业应力争通过关停生产线、调整产品结构、优化生产工艺、进行中水回用、加强节水管理等措施,于 2015 年之前工业废水排放量在 2010 年基础上削减 10% 以上。

(三)严格"批项目、核总量"

强化新、扩、改建项目把关,进一步强化污染减排倒逼机制,督促企业和区域采取各种措施落实减排任务。对没有落实减排任务的企业和区域,启动限批制度。同时,将减排任务与企业开具守法证明等工作相挂钩,督促企业履行减排责任。

(四)进一步推进产业结构调整

采取积极主动的措施,推动位于饮用水水源一、二级保护区、涉及危险化学品生产、使用和储存、涉及重金属污染物产生和排放、有重大环境安全隐患、区域环境基础设施不完备、有环境违法行为、厂群矛盾激化等类型的企业列入产业结构调整名单,将污染减排作为重要抓手,深入推动区域产业转型升级。

(五)持续推进减排三大体系建设

进一步加强重点企业和重点设施的环境监管,督促污染减排设施和在线监控装置正常运行。每月开展减排数据统计,每季度实施减排调度,及时上报减排材料获得上级部门认可。加大任务跟踪和推进力度,强化减排责任考核,督促各单位切实履行职责,落实各项减排任务。

强化"智慧环保"建设，提升污染物减排水平

——信息化建设在污染物减排中的应用与思考

浙江省绍兴市环境保护局　何伟仕

摘　要： 为促进环境保护信息化建设，提高环境保护科学技术水平，浙江省绍兴市环保局将环保管理从前端管控到末端治理的全面信息化，有力保障了污染减排各项措施的落实。并通过排污权指标交易和质押贷款机制，排污总量控制激励机制，企业环境行为信用等级评价机制等信息化手段推进总量减排的政策创新。

关键词： 减排　信息化　建设

历经八年时间的污染减排，环保系统内部认为取得了较大成就，但社会却并不完全认可，甚至认为大气依然"雾霾"、水质依然"浊"、土地依然"脏"。如何走出一条取得国家、社会等各方面共同认可的减排新路径已成为当前各级环保部门的普遍思考。近年来，绍兴市环保局以信息化建设为核心，在加快推进污染减排，倒逼经济转型升级等方面进行了积极探索和尝试，并且取得了一定成效。

一、信息化是深化总量减排的必然选择

以数字化、网络化、智能化为主要特征的信息化技术已在社会生产、生活等各领域中得到日益广泛应用，发挥出了日益明显的成效。2014年新修订的《环境保护法》明确指出："促进环境保护信息化建设，提高环境保护科学技术水平"，对环保工作提出新要求。

（一）信息化技术提供了大数据解决方案

如何平衡好经济发展与环境保护方面的关系，尽可能减少经济发展对环境的影响，是摆在各级党委、政府面前的一道大难题。特别是绍兴这样的东部地级市，产业结构以印染、化工、医药等污染行业为主，企业普遍规模不大但数量众多，生产型企业达到 5 万余家，既有历史"存量"，又有发展"增量"，环保压力很大。信息化技术带来的大数据应用，不但可以及时跟踪掌握经济运行、城镇发展、污染排放、能源消耗等各方面参数，更可以使政府在推动经济社会发展的基础上，为提升环境质量、确保完成减排任务上提供重要保障。

（二）信息化技术弥补了监管力量的相对不足

环保部门由于历史的原因，大多面临着机构弱小、人员偏少，如绍兴市环保局本级现有行政编制 20 名，参公事业编制 30 名，事业编制 73 名，在保障日常机关事务、环境质量监测等工作之外，真正可以用于现场管理、执法监管的人数少之又少，可以借势借力的社会资源和平台也不多，环保监管的风险居高不下，给全面推进生态环保工作带来了较大困难。而通过构建信息化技术为基础的日常监管电子平台可以实现数据的自动采集分析和汇总统计，实时进行监督、监管，可以有效发挥公共管理资源的最大效能，弥补先天的不足。

（三）信息化技术提高了环境管理的行政效率

提高行政效率、建设服务型政府已成为社会各界普遍的迫切需求，也是提升环保管理工作水平的重要内容。信息化技术的应用一方面可以大幅提高文件资料的流转速度，便于检索和调阅，为分析和论证提供依据，有效提升环境管理的质量和水平；另一方面可以有效发挥网络监督的作用，在审批权限下放、审批流程简化后，确保各级环保部门的行政管理行为的政策、程序合法性和可延续性，降低环境管理的责任风险。

二、信息化在绍兴总量减排中的实际应用

历经近 30 年发展，绍兴已成为全国纺织生产能力最大的产业集群基地，印染产量占全国的 1/3，热电企业密度华东地区最大，化工、医药等重污染行业相对集聚，减排始终是环保工作绕不开的话题。近年来，绍兴环保部门紧紧围绕国家、省下达的减排任务和重点对象陆续投入资金 1 亿多元，通过分批建设办公自动化、在线监控等系统，全面实施从"数字环保"到"智慧环保"的构建和推进。目前，从宏观的环境功能区规划、环境容量规划、区域基本账户、区域总量管理，到中间的指标、监测和考核三大体系建设，以及监管执法，都已实现了传统管理模式与信息化技术的有效对接，"智慧环保"的减排版本已初成雏形。

（一）以排污权基本账户为框架，强化前端控制

从 2014 年开始，在生态功能区规划管理系统的基础上，在全省率先试点排污权基本账户的电子平台。按照"以减量定增量"的原则，将各区域超额完成任务的减排量折算成排污权指标，纳入其政府储备排污权基本账户，由县级政府自行分配，提高审批效率。政府储备排污权指标只能用于支持列入国家和省确定的重大项目，涉及民生、环保等基础设施项目，以及产业聚集区发展、战略性新兴产业和现代服务业等重大项目的建设。其他新（扩、改）建工业项目新增的主要污染物排放总量，则必须通过市场交易的方式有偿取得。政府储备排污权账户原则上不得透支，指标用完后按照"宏观管理精确化，微观管理项目化"的原则，实行区域自动限批，不断提高地方政府淘汰落后产能，加快产业结构升级，建设减排工程的内生动力。

（二）以排污许可证体系为基础，规范项目管理

建设项目是总量管理的基本单位，是污染减排的落脚点。国家在《节能减排"十二五"规划》中明确指出企业是减排项目的实施主体。绍兴将排污许可证管理作为企业总量控制的主要抓手，建立了排污许可证管理系统，分别实行 A 类和 B 类管理。其中，凡是有生产性污染物排放的企业均纳入 A 类排污许可证管理，登载的允许排污量与企业排污权有偿使用量相对应。对没有生产性污染物排放的企业实行 B 类管理，不实行总量控制要求。截至 2014 年 7 月底，已发放排污许可证 3 000 余本，覆盖的化学需氧量和二氧化硫排污权指标量占全市总量的 95%以上。同时，结合操作实际开发了行政许可网上审批系统，在有效提高审批效率的同时再次降低了出现错漏的可能性。

（三）以刷卡排污总量控制为手段，实行过程监控

从 2007 年开始着手筹建污染源在线自动监控系统，包括企业排放和环境质量的水、气监测系统在内，现已建成 562 个站点，还自主开发了绍兴市环境监控中心运维管理系统等软件，使得联网率和数据完整率始终保持在 95%以上，初步形成了横向到边、纵向到底的环境监管网络，夯实了污染减排监测体系建设的基础。同时针对排污企业实际排污量"说不清"和对超标、超量排污"管不住"的难题，从 2011 年开始建设刷卡排污总量控制系统，到 2014 年 7 月底已建成 441 套废水、废气刷卡排污系统，涵盖所有省控以上重点污染源，另有 72 套市控以上污染源刷卡排污系统正在安装，所有系统建成投运后，水、气污染物刷卡排放的覆盖率将上升到 95%和 80%以上。刷卡排污系统开始投运至今共计发出超标超量预警短信 3 万余条，自动关闭阀门 350 余家次，企业超量超标行为得到有效遏制。2013 年工业废水排放量比 2011 年减少近 2 000 万 t，同比下降 7%，相当于关停 10 家日排废水量 5 000 t 的污染企业，同时有效控制了工业废水进管浓度。

（四）以现场移动执法系统为主体，严格末端监管

针对当前环法执法检查的现实需求，通过整合现有监控和网络信息资源，建成了一套集在线监控数据预警、企业环保数字档案、污染源普查、排污申报、排污收费、环境统计、固废管理、环境现场执法等多功能于一身、多部门联动的环境业务综合管理系统，一线执法人员每人都配备了移动数字终端设备，可以为环保日常执法检查和应对各种紧急突发事件即时提供基础资料。同时实行"统一执法平台、统一执法流程、统一执法表单"系统模式，通过确定的区域网格化监管责任人，动态进行点对点检查，还有效避免了检查不到位和推诿责任等情况的发生。全方位、规范化的监管格局有效倒逼了企业从内部挖掘潜力，转变生产方式，提升自身管理，投建环保治理和污染减排设施，并切实保障了各类企业减排工程的正常稳定运行。

三、信息化推进总量减排的政策创新

环保管理从前端管控到末端治理的全面信息化，既有力保障了污染减排各项措施的落

实，也为绍兴的排污权指标交易和质押贷款、总量激励、绿色信贷等总量控制政策创新工作提供了更大可能。

（一）排污权指标交易和质押贷款机制

近年来，在不断吸收借鉴其他先行地区成熟经验的基础上，针对排污权有偿使用和交易，逐步健全机构、完善制度，主要依托排污权的电子管理平台，探索了一系列适用于绍兴实际的创新政策和特色做法。积极做大使用和交易体量，到 2014 年 7 月底，总共办理排污权有偿使用和交易 4 123 笔，涉及金额 3.53 亿元。环保联合银行推出了排污权质押贷款制度，到 2014 年 7 月底已累计办理排污权抵押贷款 425 笔，涉及贷款金额 64.7 亿元，在有效帮助企业解决了融资困难问题的同时，实现了运用市场之手优化环境资源配置。

（二）排污总量控制激励机制

发挥刷卡排污总量控制系统作用，对市区污染企业实施废水"有序停排"制度，对企业排污实施"限号限行"，倒逼企业主动减少废水排放量。对下辖各区（县、市）分别出台了每年按企业单位排污量经济效益排序的总量激励制度，如越城区将全部 57 家印染企业按排序结果分为两类四档，以不同的标准分类削减排污指标，实现环境资源的动态管理和优化分配，仅 2013 年就削减了废水排污指标 7 406 t/d，折合 COD 指标约 220 t/a，占全区印染企业 COD 总数的 5.02%。柯桥区对排放排名靠后的企业全面清理取消原有的各项优惠政策，金融机构不予提供信贷支持，电力部门实施有序用电时提前列入停止供电名单，有效约束了企业的排放总量。

（三）企业环境行为信用等级评价机制

对所有市控以上重点污染源、上市企业和各县（市、区）十强企业实行企业环境行为信用等级评价制度，评价结果定期在网络上公开发布，同时提供给银行、发改委、国土、经信等有关部门，作为授信额度、政策倾斜、评奖评优的重要依据，并在整个长三角范围内推行信息共享。2014 年 4 月，绍兴市环保、银监、银行联合下发了《关于推进绿色信贷工作的指导意见》，通过建立"绿色征信系统平台"，明确将企业环境信用纳入银行征信体系。其中，排污许可证管理和污染减排完成情况是一项重要的征信内容，企业是否持有排污许可证和完成减排任务将直接影响企业融资。

四、总量减排信息化的近期目标

虽然绍兴在信息化推进总量减排方面做了大量探索性工作，并已形成较为完善的信息化管理体系，但仍存在碎片化等现实问题。下一步，将结合当前应用实际，对现有的信息化管理平台进行全面整合，强化数据共享，提高自动化和智能化水平，实现"智慧环保"平台格局下的"宏观一张图，微观一本证"。

"宏观一张图"，是指全市的生态功能区规划图。将通过信息化手段，对当前的生态功能区规划进行深化和细化，充分利用政府储备排污权基本账户的制约力，以环境容量定排污总量，以环境质量定审批总量，将环境质量的定性结果与污染减排的定量控制相结合，提高各生态功能区的环境质量达标率。

"微观一本证"，是指排污许可证的"一证式"管理。致力于在不断完善排污权政策体系的基础上，以排污许可证为基础实现在线监控系统、刷卡排污系统和企业治污设施中控系统等数据的横向对接，对企业依法排污形成智能、实时、高效的监管模式。从 2015 年开始，将推行企业排污权短期交易和租赁，并把环境信用等级、环责险投保情况等纳入总量激励管理范围，进一步完善环境资源配置政策体系。通过建立与"智慧环保"结合的排污许可证管理系统，将真正实现排污许可证的"一证式"管理。

五、信息化在总量减排中的主要经验

从绍兴近些年的应用情况来看，信息化在总量减排中应用的主要经验有以下三方面：

（一）工作内容方面，要充分运用信息化技术大数据处理优势，实现经济、行政、法律手段的综合应用

建立多层面的自动监控体系，及时跟踪掌握经济社会运行参数和企业生产排污状况等数据。将经济手段作为宏观调控的主体，充分利用市场这一高效的环境资源优化配置手段，通过宏观经济政策的倒逼作用，促进落后企业自动转型升级或关停淘汰，推动结构减排。将行政手段作为环保管理的补充，加大对污染行业以及工业园区以外企业的政策压力，建设完善环保基础设施，推动工程减排。将法律手段作为最终保障，加强自动监控设施取证的有效性，提高企业违法成本，推动管理减排。

（二）工作流程方面，要充分运用信息化技术的过程管理优势，实现总量、监控、执法过程的三流合一

通过完善的企业电子档案数据库，从前端的项目审批和总量准入，到项目运行过程的监督控制，再到末端监察执法，实现环保管理流程的一体化、自动化和智能化。全面加强指标、监测和考核三大体系建设，实现体系间数据资源的共享和对接，简化档案资料的查询调阅，提高政府行政效率，降低行政成本。

（三）工作深度方面，要充分运用信息化技术的分级联网优势，实现整体、宏观、微观尺度的融为一体

建立市级、区（市、县）级和具体项目级别的三级联网管理平台，实现环境资源由上至下的逐级分配和由下至上的逐级监管。扩展政府储备排污权指标基本账户的内容，严格管理办法，从源头上实现总量控制和污染减排。强化排污许可证管理系统和刷卡排污总量控制系统的应用，进一步提高在线监控和刷卡排污系统的覆盖范围，同时优化配套政策，确保将排污权政策和总量减排成效落到实处。

以总量预算管理推动污染减排

河南省焦作市环境保护局　王国龙

摘　要：总量预算管理作为一项创新的环境管理制度，可以有效地调动地方政府和企业参与污染减排工作的积极性。"十二五"以来，河南省焦作市通过强化污染减排目标考核、严格预支增量指标网上核定、提高预支增量配置效率、加强总量预算管理基础研究等手段，不断将总量预算管理制度细化为具体工作措施，在推动焦作市污染减排、产业结构调整、经济发展方式转型方面取得了明显成效。

关键词：总量预算管理　推动　污染物减排

"十一五"期间，在污染减排的推动下，焦作市按照远远严于国家排放标准的地方管理要求，相继对污染物排放量较大的行业实施了深度治理，受污染治理边际成本的制约，"十二五"期间，焦作市工业领域的工程减排潜力大幅减少。然而随着污染减排考核因子的增加和减排领域的拓宽，各地的污染减排任务越来越繁重。于是，如何通过制度和机制创新来充分挖掘管理减排的潜力，成为了各级环保部门积极探索污染减排措施的一个重要方向。河南省自 2012 年初开始，在全省推行总量预算管理制度，焦作市以此为契机，不断深化总量预算管理，并结合本市环保工作实际，将这一制度细化为具体的工作措施，有效地推动了焦作市"十二五"污染减排工作。

一、总量预算管理如何推动污染物减排

总量预算管理作为一项创新的环境管理制度，主要以总量预算指标作为约束性指标来推动污染减排工作。总量预算管理指标包括控制排放量、总减排量和预支增量。其中，控制排放量，是指一定时期内最大允许的主要污染物排放量；总减排量，是指在一定时期内必须削减的主要污染物排放存量和增量；预支增量，是指一定时期内为满足经济社会发展需要允许增加的主要污染物排放量。在实行总量预算管理工作中，将总量预算指标纳入地方国民经济发展计划和政府环境保护责任目标体系，实行严格的问责制和"一票否决"制。

在计算分配各地的总量预算指标时，为了鼓励地方多削减排污总量，规定在完成上级部门下达的总减排量和控制排放量的基础上，多削减总量即可多获得预支增量指标（再用环境质量作适当修正）。分配的预支增量指标越多，意味着可以用来保障当地经济社会发展所需环境指标就越多。地方政府为了获得更多的保障经济社会发展的环境要素，必须积极主动实施减排工程、落实减排措施，才能在总量预算指标分配时，获得更多的预支增量。这样就把污染减排与当地经济社会发展要素有机结合起来了，一改过去只要完成减排目标

就可以上项目的局面，大大调动了地方政府和企业参与污染减排工作的积极性。

同时，实行建设项目预支增量网上核定，每审批一个建设项目，所需预支增量就会从分配的预支增量指标中扣除，用完之后原则上不再核准建设项目的主要污染物排放量，这样一来就把预支增量怎么使用、上什么项目、上哪些项目、结构如何调整、经济如何转型等一系列问题全部交由地方政府去运筹，大大提高了环境资源的配置效率，促进了经济发展转变，也有效地控制了当地的主要污染物新增量，减轻了污染减排的工作压力。

二、焦作市的主要做法

（一）强化污染减排目标考核，以总量预算管理促进污染减排

焦作市坚持以目标考核和行政问责作为主要抓手，强力推进总量预算管理制度的实施，以总量预算管理促进污染减排。一是分解细化目标。年初，市政府结合环保目标责任书的签订，将省政府下达焦作市年度主要污染物控制排放量、总减排量和预支增量三项指标分解落实到各县市区政府，要求将其纳入当地国民经济社会发展计划，确保执行到位。二是强化目标督导。市政府坚持每季度召开全市总量减排和环境保护目标督导会，通报总量预算管理和环境综合整治目标进展情况，研究解决存在的问题。市环保局坚持每两个月对全市总量预算管理和环境综合整治目标进展情况进行一次督导，对督导发现问题及时提出指导意见。三是加强考核问责。将总量预算管理目标纳入经济社会发展综合考核体系，作为政府领导干部综合考核和企业负责人业绩考核的重要内容，制定了严格的考核办法。办法明确规定，对不能完成总量预算管理目标任务的地区实行"一票否决"，并对相关领导进行行政问责。

（二）推行预支增量指标网上核定，以总量预算管理控制新增污染物

焦作市以实施总量预算管理制度实施为契机，严格控制新增污染物排放。一是强力推行建设项目预支增量的网上核定。严格按照所有建设项目预支增量实行网上核定，未进行网上核定的项目不得批复环评文件的要求执行。为推进这项工作的落实，组织开展建设项目预支增量网上核定工作专项稽查，纪检监察和环保部门参加，对存在的问题及时责成有关单位进行整改，对整改进度缓慢的地区不予核定其建设项目的预支增量。2012年以来，全市共有2 100个建设项目预支增量进行网上核定，网上核定率为100%，总量核定前置率为100%。二是科学合理分配预支增量指标。为进一步调动污染减排积极性，提高环境容量配置效率，焦作市根据年度减排目标任务完成等情况，将省政府分配焦作市的年度预支增量指标分配到各县市区，要求各县市区政府科学安排、合理利用，确保不得突破；各地预支增量指标用完后，原则上不再核准当地有主要污染物排放量的建设项目的预支增量；当年剩余的预支增量指标，可结转到下年度使用。三是建立污染减排统计数据对接机制。根据国家"十二五"总量减排考核细则的有关规定，各地因经济社会发展产生的主要污染物新增排放量与有关统计数据密切相关。为减少和避免因相关统计数据失真造成污染物新增量虚高问题，坚持每季度召开一次污染减排统计数据对接会，环保、统计、畜牧、公安、

住建、工信等部门参加，对与污染减排密切相关的统计数据重点进行核实。

（三）提高预支增量配置效率，以总量预算管理推动结构减排

坚持把提高预支增量配置效率与调整产业结构结合起来，以总量预算管理推动结构减排。一是严格控制重污染行业的发展。对造纸、印染、农药、氮肥、皮革、煤电、钢铁、水泥等重污染行业，除结构调整项目外，原则上不核定其总量指标，不批准其环评报告，确实需要建设的项目必须按照最严格的环保要求使用国家鼓励发展的重大环保技术装备，高标准建设污染治理设施。二是优先保障重点项目的环境要素需求。对符合产业政策、有利于结构调整、清洁生产水平高、污染物排放少、对经济社会发展全局有重大影响的重点项目，市政府在分配预支增量指标时预留部分指标优先保障重点项目总量指标需要。三是加快淘汰落后产能。按照国家、省产业政策要求，及时关闭污染严重、列入淘汰名录的造纸生产线、皮毛制革加工企业和蓄电池加工企业。通过淘汰落后产能，为重点建设项目腾出发展空间、腾出环境容量。

（四）加强总量预算管理基础研究，夯实总量预算管理，推动污染减排的根基

总量预算管理是一项全新的工作，政策性和技术性强。如何有效地利用总量预算管理推动污染减排，必须把总量预算管理相关研究和技术培训作为基础性工作来抓。一方面组织开展专题研究，先后组织开展了大气环境和水环境容量研究、主要污染物总量减排管理系统研究、主要污染物总量预算管理研究、排污权有偿使用和交易政策研究、流域水环境生态补偿机制研究、建设项目环评综合分析研究等专题研究，基本摸清了焦作市环境容量及目前环境容量配置中存在的问题，为总量预算管理工作的开展提供了科学依据。另一方面加强总量预算管理技术培训，派员参加全省总量预算管理培训，并对全市环保系统的总量、环评、生态和信息管理人员进行集中培训，学习《总量预算管理办法》《总量预算管理实施细则》，学习建设项目预支增量指标网上核定软件的使用方法，为总量预算管理和预支增量网上核定提供技术支撑。

三、取得的主要成效

（一）提高了地方政府和企业对环境资源稀缺性的认知度

过去人们对环境的认识仅仅停留在环境就是身边的客观存在，没有把环境作为一种稀缺资源加以保护和有效利用。而总量预算管理制度不仅将环境作为一种资源来认识，而且把这种资源进行量化，然后把量化的环境资源家底交给地方政府，让地方政府的领导从思想上真正明白环境资源是一种最宝贵的、最重要的、最稀缺的资源，开始思考如何有效地配置和保护环境资源。

（二）提升了地方政府和企业参与污染减排工作的积极性

预支增量作为保障经济社会发展的环境要素，按照"多减多配、少减少配、不减不配"

的原则进行分配，不减排意味着没有保障经济社会发展的环境要素，而多减排则会获得充裕的保障经济社会发展的环境要素。于是，为了保障当地经济社会发展的环境要素需求，各级政府和企业开始积极主动地挖掘本地区的减排潜力、谋划减排项目和落实减排工程建设，以争取获得更多的减排量，分得更多的预支增量。这样将被动减排变为主动减排，同时各地在谋划经济社会发展的同时，把污染减排工作作为一个重要因素进行统筹考虑。

（三）促进了产业结构的调整

一些地方政府或企业在引进、建设项目时，已开始将预支增量指标作为重要参考因素，主动选择一些清洁生产水平高、污染排放少的项目作为重点投资方向，放弃占用大量预支增量、经济效益差的项目，以取得地方或企业的长远发展和经济利益。

结合经济转型示范市建设，焦作市通过强力实施总量预算管理，积极探索不以牺牲生态和环境为代价的经济社会发展道路，在污染减排，持续优化产业结构，保障环境要素方面得到了全面提升，实现了经济社会与环境的协调发展。"十二五"以来，焦作市建设项目环境要素需求比"十一五"同期大幅下降。

四、几点启示

（一）做好主要污染物总量预算管理推动污染减排，必须从战略高度进行定位和谋划

总量预算管理作为一项重要制度创新，牵涉面广、工作难度大，对当地经济社会发展影响深远。必须从经济社会发展全局和战略高度进行定位和谋划，以确保总量预算管理制度的实施效果。在工作定位上，要把总量预算管理摆在当地政府工作的突出位置，从全市经济社会发展全局对总量预算管理工作进行谋划。在功能定位上，要把深入推进污染减排、促进发展方式转变作为主要功能，使总量预算管理直接服务于污染减排和经济发展。在责任主体的确定上，要把政府作为责任主体，有利于调动各方面的力量全力推进。在工作目标定性上，要将总量预算管理指标作为约束性指标，确保总量预算管理目标执行到位。

（二）做好主要污染物总量预算管理，推动污染减排，必须选对选准工作突破口

总量预算管理涉及污染物存量削减和新增量控制两个方面，经过"十一五"在削减污染物存量方面，已经积累了不少成功经验，而新增量控制仍然是一个可以大有作为的领域。做好主要污染物总量预算管理要在继续抓存量削减的同时，以控制预支增量为突破口，通过提高环保准入门槛、控制重污染行业发展、支持新兴产业和绿色产业的发展等手段，不断优化环境要素配置，减少污染物新增量，形成污染物"存量削减"与"新增量控制"双轮驱动、并驾齐驱的污染减排新局面。

（三）做好主要污染物总量预算管理，推动污染减排，必须制定和实施有效激励约束机制

做好主要污染物总量预算管理工作，关键在于通过制定和实施有效的激励、约束机制，把责任主体的工作积极性调动起来。在推进总量预算管理工作中，将各地预支指标的分配与污染减排目标完成情况挂钩，实行"多减多分、少减少分、不减不分"的政策；对预支增量指标实行包干使用，当年剩余指标可结转到下年度使用等。实践证明，这些激励和约束机制十分有效。

焦作市在总量预算管理方面做了一些有益的探索，但也清醒地认识到，作为一个资源型城市，资源环境压力十分突出，污染减排仍然任重道远。我们将以这次培训为契机，继续深化总量预算管理，强化污染减排，为改善区域环境质量、建设美丽焦作做出积极贡献。

完善节能减排监督考核体系的对策研究

——以黄石市为例

湖北省黄石市环境保护局　胡振宇

摘　要： 节能减排已经成为我国"建设美丽中国、实现中华民族永续发展目标"的新要求，成为促进国民经济又好又快发展的重要抓手，也成为改善环境质量的主要手段。本文分析了完善节能减排监督考核体系的重要意义，并以湖北省黄石市为例，根据当前节能减排工作存在的问题，提出以明确三个责任主体、找准突破口，加强落实等手段推进该市节能减排工作迈上新台阶。

关键词： 节能减排　监督考核　对策

党的十八大召开以来，建设生态文明已经被提升到了一个空前的高度。节能减排已经成为我国"建设美丽中国、实现中华民族永续发展目标"的新要求，成为促进国民经济又好又快发展的重要抓手，也成为改善环境质量的主要手段。习近平总书记在 2014 年 6 月的中央财经领导小组第六次会议中提出了推动能源"消费革命、供给革命、技术革命、体制革命和加强国际合作"的五点要求，进一步强调了加大节能减排力度、建立更加有效的节能环保体系的迫切性。因此，我们必须认真思考如何推进节能减排监督体系完善的问题。

一、完善监督考核体系是确保完成节能减排目标任务的保障

（一）实行节能减排是落实生态文明建设要求的具体体现

党的十八大明确了我国建设生态文明的总体目标，实现该目标的核心是"五位一体"的建设。实行节能减排就是要逐步将生态建设融入社会、经济建设之中。我国"十二五"规划纲要提出，"十二五"期间单位国内生产总值能耗和二氧化碳排放分别降低 16%和 17%、主要污染物排放总量减少 8%～10%。完成上述约束性指标就是贯彻生态文明建设、实现低碳发展的具体体现。湖北黄石作为资源型城市，经济发展很大程度上依赖于大型工矿企业。2012 年该市工业 GDP 同比增长了 12%，但由于工业结构的偏重，经济发展与资源环境的矛盾日趋尖锐，人民群众的诉求强烈。黄石市委在十二届八次全会上确立了坚持生态立市、产业强市的战略，按照该思路，加强节能减排，彻底摆脱边污染边治理的惯性，坚持经济社会协调可持续发展，将成为建设富裕、文明、和谐的生态宜居城市的必经之路。

（二）完善监督考核体系是确保节能减排目标实现的保障

节能减排监督考核体系是为了加强污染防治的监督管理，控制主要污染物排放。我国目前面临的节能减排形势十分严峻。据国家发改委公布的情况，2014 年以来我国经济增长速度虽放缓，但调整产业结构、淘汰落后产能的任务依然艰巨；个别地方存在认识尚未完全到位、激励政策不完善、重点减排工程建设严重滞后、监管不到位等突出问题，节能减排的压力巨大。这就要求我们环保部门强化履行对减排工作的统一监督管理，推动将减排指标纳入地方政府经济、社会的发展目标、规划及考核之中；核心是将减排指标任务完成情况作为地方政府尤其是主要领导提拔重用和责任追究的重要依据，实行问责制和"一票否决制"。通过强化监督和考核，把减排责任分解落实到每个单位、企业，为完成节能减排任务提供有力保障。

（三）节能减排监督考核体系是促进节能减排工作落实的关键

节能减排监督考核体系是"三大体系"建设的灵魂。为实现空气质量明显改善、保障饮用水安全等直接关系到人民群众健康的环境目标，必须狠抓节能减排。而要实现节能减排目标必须完善监督考核体系，并认真进行考核，决不姑息迁就。节能减排指标作为"十二五"经济社会发展的约束性指标，需要靠全社会共同努力才能完成。节能减排任务不完成，相关部门理应被追责，因此必须明确与节能减排相关的各部门工作任务，通过目标责任制落实到地方政府各部门和企业头上，使发改和环保部门对节能减排工作统一监督管理、各相关部门分工负责的机制通畅起来。

二、节能减排监督考核体系现状

按现行国务院《单位 GDP 能耗考核体系实施方案》和环境保护部《主要污染物总量减排考核办法》要求，主要污染物总量减排的责任主体为地方各级人民政府，各省、自治区、直辖市人民政府需将主要污染物排放总量控制指标层层分解落实到本地区各级人民政府，并将其纳入本地区经济社会发展总体规划。针对此要求，黄石市人民政府与湖北省人民政府签订了"十二五"主要污染物总量减排目标责任书，对具体减排指标进行分解、细化，实行逐项、逐级考核，并将其纳入党政主要负责人年度考核体系。

黄石市为进一步加强节能减排工作，成立了以市长为第一责任人的市总量削减工作领导小组，将建立完善节能减排监督考核体系作为创建国家环境保护模范城市和国家生态文明先行示范区的重要抓手。同时，利用长江经济带开放开发、国家工业绿色低碳转型发展试点城市等机遇，积极优化城市产业结构，调整产业布局，培育新型产业主线，协调解决经济发展和环境资源的矛盾。在具体考核实施过程中加强行政管理职能，加大对企业的环境监管力度，整治违法排污，严格淘汰落后产能，开展环境专项整治。2013 年黄石市氮氧化物和化学需氧量排放量较上年分别削减 7.27%和 2.91%。2014 年，黄石市关闭"五小"企业 367 家，治理工业企业重点污染源 460 家，估计可实现年度削减二氧化硫 1.5 万 t。

三、完善节能减排监督考核体系面临的主要问题

（一）思想认识亟须进一步提高

目前一些地方对节能减排工作的重要性、紧迫性和艰巨性认识还不到位，措施不配套、投入不落实、监管不得力等问题仍然突出。例如，近期各地核查出的一些企业治污设施不正常运行与相关部门监管不到位存在很大的关系，侧面说明某些地方对节能减排工作没有真正重视，监督考核体系不完善。节能和总量控制工作的任务长期而艰巨，因此对节能减排工作的力度绝不能有半点松懈，必须要把握经济转型发展的机遇期，进一步强化监督考核体系建设，把节能减排工作作为推动地方经济健康发展的重要手段，努力把改革大业稳步向前推进。

（二）考核脱节，没有形成强有力的考核链

有些地方政府在思想上能高度重视节能减排工作，要求将节能减排作为一项全社会参与、各部门共同推进的重要工作，也提出了节能减排监督考核"一级抓一级，层层抓落实，形成强有力的考核链"。然而，在具体的考核办法中并未具体针对污染减排相关配合部门、单位和企业的基层环保人员制定考核细则，使得考核仅停留在思想认识上，影响了整个节能减排工作的推进。

（三）节能减排考核有失衡现象发生

节能减排是一项系统工程，涉及面较广，近期国家发改委、环境保护部的要求强化节能和碳强度年度目标责任评价考核，将考核结果向社会公布，并实行严格的问责制。这是由于部分地方政府的初级节能减排监督考核体系中针对企业主体和政府第一责任人的考核较为具体，执行力度也较大，但对其他相关部门特别是一些协作单位的考核多停留在口头上，考核实施过程中不可避免地出现考核失衡的情况。

（四）考核手段及考核主体单一

环境保护部制定的《主要污染物总量减排考核办法》出台了一段时间，但其中考核手段略显单薄，行政和经济手段运用较多；且多限于为对评先、评优和晋级的考核，考核主体单一。目前，少数地区在考核过程中仍是节能减排责任部门对责任单位的考核，群众和其他部门的参与度不足，少数责任部门考核中当起了"老好人"，势必影响考核执行的力度。

（五）具体考核措施不到位

《主要污染物总量减排考核办法》已将问责制和"一票否决"纳入对各省、自治区、直辖市人民政府领导班子和领导干部综合考核评价。同时，依照国家建设项目环境审批和"三同时"制度的有关规定将"区域限批"纳入节能减排考核体系，考核方向明确。但实

施考核过程中依然存在考核不到位的情况，考核不够深入、不够细致、考核力度不够大，考核指标不完整，考核过程中常常是环保部门在唱"独角戏"，考核"紧箍咒"的效应没有充分释放。

四、完善监督考核体系的方向和突破口

目前各地的污染物总量减排考核基本都是沿用环境保护部的《主要污染物总量减排考核办法》，如何制定适合本地特点的考核细则，完善合理、规范、权威、实效的地方监督考核体系成为一个课题。对黄石市这样的工业城市，务必要强化对冶炼、化工、电厂等重点行业以及年耗万吨以上标准煤的重点企业的节能减排考核；加大对清洁生产的审核和淘汰落后生产能力的考核；加强对节能减排相关政策执行的考核，使考核成为落实目标责任制的基础。

（一）明确考核责任主体

地方各级人民政府是"十二五"污染物总量减排的责任主体，一定要把政府主要领导作为节能减排第一责任人，将主要污染物排放总量控制指标层层分解。同时，将节能减排纳入本地区经济社会发展总体规划，加强组织领导，积极落实项目资金，严格监督管理，确保实现减排目标。

（二）明确考核执行主体

明确考核执行主体是节能减排监督考核体系的枢纽，因为考核执行力的优劣将直接影响考核目标的完成。黄石市环保行政主管部门在《黄石市"十二五"节能减排实施方案》中成为节能减排监督考核体系的考核执行主体，在市政府的领导下成立了以环保局"一把手"为组长的总量削减工作领导小组，并下设办公室，由分管总量减排领导任办公室主任，辖区范围内县市区也按要求成立了节能减排工作专班。与此同时，为顺利推进黄石市节能减排工作，办公室详细分解了减排任务，将涉及节能减排的相关部门，如发改委、经信委、城建委等，进行责任细化，建立联席会议制度定期交流，促进协力推动污染减排工作。环保部门在对节能减排相关政策及项目的考核执行中要严控增量、调整存量、加大削减量，敢于唱黑脸、亮红牌，严格执行"两不准"和"一票否决"制度，狠抓污染减排工作不放松。

（三）明确考核落实主体

严密考核制度是为了让考核落到实处，明确考核落实主体有助于考核工作的顺利推进。节能减排监督考核体系的落实主体应当为"十二五"期间签订的各主要污染减排项目相关责任单位。污染减排项目相关责任单位必须认真负责，加强督办，每年对照指标，衡量进展情况，及时制定措施，不断加大削减力度，保障污染减排项目按计划完成。

（四）找准完善节能减排监督考核体系的突破口

一是明确节能减排的重点。开展节能减排工作中要坚持以污染总量控制、治污项目进

度、环境质量改善为重点，实行逐级考核。如黄石市节能减排考核过程中狠抓电厂脱硫脱硝、城市污水处理厂建设、小火电机组关停以及淘汰落后产能项目，通过上述重点工程项目的实施，确保黄石市"十二五"节能减排目标的完成。二是明确节能减排的难点。由于目前黄石市仍处于工业化中后期，粗放的经济增长方式仍为主体，产业结构调整缓慢，许多应淘汰的落后产能尚未完全退出市场，部分区域污染治理的速度仍无法抵消污染物增长量。固定资产投入过快，新开工项目数量多、规模大、环保投入不足等节能减排的难点问题日益突出。黄石市对此制定了有针对性的考核细则，通过严格环境准入、严格"三同时"制度、加强环境执法监督、实行"区域限批"等政策手段解决工作中的难点。

五、完善节能减排监督考核体系最终目标是要落实

日前召开的全国节能减排和应对气候变化工作电视电话会议再次明确了节能减排的主要目标任务。总体来说，为解决目前在节能减排问题上遇到的认识不到位、责任不明确、措施不配套、政策不完善、投入不落实、协调不得力等问题，在完善节能减排监督考核体系方面有以下途径可供选择。

完善节能减排监督考核体系最终目标是要严格落实问责制和责任追究制度。黄石市在考核过程中坚持考核结果"三挂钩"：与建设项目审批挂钩，暂停未完成责任书要求的县市区增加相关污染物排放项目的审批；与限期治理挂钩，对没有按期完成治理任务的企业实行限期治理，治理期间限产限排；与考核体系中的责任主体、执行主体、考核落实主体挂钩，对影响减排目标完成的相关单位、部门及个人不予评优、晋级，环保领域中央财政资金拨付倾斜于对节能减排有积极贡献的企业。为保障考核执行力，考核工作中黄石市坚持"三结合"，将地方自查和国家检查、抽查相结合，管理部门考核与专家核准相结合，将年度考核、中期考核和验收考核相结合，并将结果纳入干部政绩考核体系。制定更为具体细致的考核奖惩细则，为完善节能减排监督考核体系保驾护航。

六、节能减排监督考核体系应有较强的适用性和可操作性

监督节能减排应对不同层次、不同地区、不同类型的考核对象制定不同考核方法，考核体系应有较强的适用性和可操作性，避免考核断层和考核失衡的情况发生。

黄石市在运用结构调整、污染治理、加强管理三大减排手段的同时，尤其注重对污染物排放新增量的控制，考核实施过程中提高环境准入门槛，严格执行"两项制度"。通过近年来不断摸索，已初步建立有较强的适用性和可操作性节能减排监督考核体系。

在"十二五"前三年，黄石市二氧化硫、氮氧化物、COD的减排已超过要求进度，但氨氮的减排压力仍较大。污染减排作为当前必须完成的约束性指标，我们必须克服困难，挖掘潜力；面对机遇，接受挑战；化解压力，增强动力。相信完善一套规范、严格的节能减排监督考核体系会在污染减排工作中起到积极的作用，将推进黄石市污染减排工作迈上新的台阶。

基层总量减排工作面临的困难和建议

湖北省十堰市环境保护局　夏　涛

摘　要: 新环保法将"重点污染物排放总量控制制度"和"排污许可证管理制度"纳入国家基本法。本文介绍了湖北省十堰市污染物总量减排工作的经验和做法以及遇到的困难。分析了总量减排三大体系建设和排污权交易的相关制度的不足之处。并对基层总量减排工作提出了建议。

关键词: 基层　总量减排　建议

新《环境保护法》将"重点污染物排放总量控制制度"和"排污许可证管理制度"纳入国家基本法层面进行要求,是总量减排工作开展以来的一次质的飞跃,是大数据时代下环保管理强调"以量为纲"的体现,为建立健全排污权交易市场机制提供了法律基础。

"十二五"以来,十堰市环境保护局充分借力总量减排工作杠杆,推动建立并完善环委会及其办公室工作机制,充分发挥市、区环委会作用,全面组织、指导、协调辖区环境保护工作,促进了总量减排工作的健康发展。2013 年 6 月 14 日,十堰市政府印发《十堰市环境保护委员会成员单位工作职责》,并进一步印发《十堰市主要污染物总量减排联席会议制度》,将 15 个成员单位纳入减排联席成员单位,明确总量减排工作职责,建立联络员制度,建立联合督办机制,建立半年联席会议制度,着力解决总量减排工作中发现的难点、重点问题。2014 年 4 月 16 日,十堰市委、市政府调整环委会成员名单,将市委 8 个常委纳为环委会成员,市委书记亲自挂帅环委会主任,明确实施环保"一票否决"制度。2014 年 4 月 17 日,市委、市政府正式出台《十堰市环境保护"一票否决"制度实施办法(试行)》,并明确市环保局具体负责市环委会办公室环境保护"一票否决"制度实施的日常工作。2014 年 5 月和 7 月,先后对 3 个县、市下达环境保护"一票否决"预警通知。在强大的总量减排工作压力下,十堰市水泥行业超期完成减排工程。2013 年底,全市共投入近 2 000 万元,实现了所有新型干法水泥企业,包括 2 500 t/d 新型干法水泥生产能力的企业都建成投运了脱硝工程,在湖北省第一个实现了新型干法水泥企业脱硝设施全覆盖。

此外,十堰市在湖北省第一个成立机动车尾气检测中心,并将于 2014 年年底前实现所辖县市全部建成投运机动车尾气检测中心,将提升大气污染物总量减排能力,大大提高了机动车减排工作力度。尽管我们的工作取得了一定的成绩,但是基层总量减排工作仍然面临着诸多困难,掣肘工作的进一步发展,现在笔者就平时工作中存在的问题一一阐述。

一、基层总量减排工作压力巨大

（一）压力大、难度高

目前开展的总量减排工作要求企业对污染物排放开展末端治理、深度治理，这种末端治理成本高，投入大，远不如发改部门从产业政策的门槛控制入手和经信部门从企业扶持引导和开展清洁生产工作的中端提档升级来的经济有效。这种倒逼式、环保部门小马拉大车的工作既给地方政府和企业巨大压力，更给能力建设普遍处于落后状态的环境监管部门带来巨大压力。

（二）新增量难以控制

随着经济社会的高速发展，城市汽车保有量的不断增长，大气污染物新增量尤为突出。此外，在经济转型期、发展期，随着沿海高耗能、高污染产业向内陆转移，内陆污染物排放的新增量也有抬升的趋势。如何在经济发展中控制污染物排放新增量成为不得不面对的问题。

（三）顶层设计不完善

一方面，目标总量控制制度下，自上而下分配基层总量指标和自上而下下达基层总量减排削减任务，很难反映地方总量减排潜力；很难反映地方污染物排放实际；很难与地方环境质量和环境容量状况挂钩。最终使总量减排工作成效难以通过环境质量表现，难以与环境质量考核工作挂钩，也将难以适应环境管理和城市管理的要求，既孤立与环境管理各项工作之外，起不到总量管总的作用，又难以融入城市管理工作中去，成为一个说不清、道不明的边缘化工作。

另一方面国家层面的总量控制制度和排污许可证制度尚未出台，缺乏具体操作的依据和规范；总量核算实施细则的相关体系非但不全面还很复杂，仅如何准确算出增量或削减量就是个大难题。缺乏制度的规范，缺乏上位法的指导，缺乏切实可行的实施细则直接导致了基层总量减排工作在执法上底气不足，执法不硬，导致了基层总量减排工作在核定总量、登记总量、寻找替代总量等的做法千奇百怪。比如厂区内清污分流，厂界一个总排污口的工业企业办理排污许可证，给予的总量是单独工业废水排放总量，还是工业废水加生活废水排放总量至今没有一个统一的标准。

综上所述，如不加以改革，加强顶层设计，总量减排工作最终很有可能成为鸡肋式工作。

二、总量减排三大体系建设有待完善

（一）总量减排统计体系有待完善

环境统计数据具有法律权威性，为污染防治、执法监察、应急管理等各项环境管理工作提供基础信息，为上级环保部门认定，相关部门借鉴、公众客观评判提供数据。2010 年的污普数据更是"十二五"期间四项主要污染物总量减排的基数，每年的环境统计公报反映区域污染物总量排放情况，并按要求应向社会公开。但是实际上，总量减排与环境统计之间的关系，越往基层越呈现两张皮的现象。

利用行业能耗和城市经济社会增长数据核定污染物排放的方法更适用于全国乃至各省级污染物排放总量的核算，但是依此类推，自上而下分配地市级地方污染物排放总量并不合适。比如用全省的经济发展能耗平均水平，计算各地市级经济发展或城镇化率带来的污染物增量，最后给地市级分配总量块头，既不能够反映地市级区域经济发展的不均衡性，也不能反映地方经济发展行业特色，地市级污染物排放情况往往出现放大或缩小的情况（比如十堰市工业以机械加工为主的，生产废水产生量少，使用全省万元工业产值能耗均值来计算十堰市经济增长下能耗水平，计算废水、废气污染物排放情况，显然抬高了十堰市污染物排放水平）。环境统计这种自上而下分配地市级总量的情况直接导致地市级环统系统中工业点源企业污染物排放指标分配的放大或缩小，偏离企业污染物排放实际，难以为地市级管理提供客观依据。被动的分配污染物排放指标也是难以形成环统、排污申报、环境监测等数据统一、一致的重要原因。这种自上而下的分配和自下而上的迎合工作让从事环境统计的工作人员难以适从，总量减排的统计体系成了一个凑数据的工作。

环境统计系统设计也有待完善。以人口为例，目前区域所有的城镇生活污水处理厂均纳入环境统计系统，而城镇化率的提高带来城镇化人口的增加却也带来了生活源污染物排放的新增量。对此，笔者认为城镇化人口从没有污水集中处理设施的地方到有污水集中处理设施的城镇，或是地方完善了污水集中处理设施，本身就应该产生污染物削减效应。但在环境统计系统和总量减排核查核算体系中，城镇化率人口增加带来的竟然是生活源的新增量。

以拥有锅炉的企业在环境统计中的设计为例。企业废气排放量为企业总废气排放总量，没有显示企业各个锅炉的废气排放量，也没有区别企业工艺废气排放量和锅炉废气排放量，因此无法从此看出企业各个锅炉废气排放是否达标，无法为环境监管提供依据。

类似的系统设计问题和总量减排核查核算方法问题比比皆是，很难客观准确反映区域污染物总量排放情况。

（二）总量减排监测体系有待完善

以国控企业为例，按照要求，国控企业均须安装在线监测设施，但是因为监测运营商管理问题、监测运营费用问题、在线监测设备质量问题、国控监测源年度变更调整问题使在线监测系统这个环境管理的"天眼"往往处于白内障状态。

总量减排最大的削减项目就是城镇污水处理厂。国控城镇污水处理厂均要求安装进口、出口在线监测。而以湖北省为例，省级财政仅对出口在线监测运维费用进行保障。而进口在线监测数据因为无经费保障，传输数据质量很难保证。此外，在国控源年度审核变更中，很多企业被销号，已安装的在线监测设备不再得到上级财政补贴，但一旦停止运营维护又将腐蚀报废，会造成物资上的极大浪费，给环保监管增加困难。担负起这些被销号企业的在线监测运维费用，保障传输质量，给欠发达地区和企业带来了很大的压力。

在线监测运营商的服务质量及在线监测设备质量也成为总量减排工作中的拦路虎。省财政按照运维国控源数量对在线监测运营单位补贴，地处秦巴山区的十堰国控源分散且山路遥远，相同收益下，运维路程、时间消耗使运营商服务热情、服务质量大打折扣，而地方负担的市控污染源在线监测运营成本也大大高于其他地方。总量减排的环境监测能力建设资金缺口巨大。

大气污染源监测中监测点位的布控直接影响环境质量的客观反映，监测数据的分析又要考虑外来环境空气影响，污染源解析能力对监测能力提出挑战。此外，机动车尾气检测工作的开展和完善要求进一步对移动源进行路检，大气污染总量减排对移动监测设备的要求逐渐显现。

与大气污染源监测一样，总量减排工作最终的成效依然要表现在环境质量改善中，因此水环境监测的改善和水环境质量的考核都要求水体增设水质监测断面，要求加强移动监测设备的配置。

总量减排环境监测体系的建设是环境管理的基础，是总量核算的重要依据。在线监测系统更是环境监管的眼睛。但是在经济欠发达地区，重点污染企业并不全部具备污染物在线监测系统，因此很难形成工况污染物排放检测系统，环境监察工作开展中往往更容易围绕企业污染物排放浓度达标开展，而很难对企业总量排放情况进行核查。

（三）总量减排监察体系有待完善

环境监察工作是总量减排核查核算的重要内容，是确保企业总量达标的铁腕手段。总量减排核查核算工作目前更重视半年和年底的核查核算工作，对日常环境监察结果的认可度不高，既让企业有周期性守法思想，也让基层环境监察工作得不到充分认可。

三、排污权交易的相关制度有待完善

目前的湖北省排污权交易面临提供交易平台，却面临无卖家、无反哺减排企业管理办法、无反哺总量替代方案所在地的管理办法、无标准化核算削减量方法、无正式认可减排项目文件、无重点污染物总量储备库、无企业后续总量达标监管办法、企业有钱是否就能买量排污等一系列问题。总之，在目标总量控制制度下，真正的排污权交易市场很难形成。

四、工作建议

（一）加强基层环境监管能力建设投入

环境监管能力建设是加强环境保护工作的重要方面，涵盖环境监测、监察、预警、应急、信息、评估、统计、科技、宣教等众多领域。开展环境监管能力建设，能够为准确、全面地获取环境质量状况，跟踪、监控、管理污染源排放，预警各类潜在的环境问题，及时响应突发环境事件等提供重要支撑。开展环境监管能力建设，提升环境监管水平，是环境保护工作的基础，是政府基本公共服务的重要组成，是维护公众环境权益的重要途径，是建设生态文明和实现"中国梦"的重要保障，加强环境监管能力对全面推动环境保护事业发展具有重要意义。

目前基层环境监管能力建设资金、人员、机构大，急需加强基层环境监管能力建设投入。

（二）完善总量统计制度，重新开启"污染源普查"为"十三五"规划做准备

目前我国环境统计工作发展不平衡，基层环境统计工作在发展中存在许多问题，还远远不能发挥环统工作的意义，不能适应环境管理新形势的要求，需要一次更准确、更符合基层实际、制度更完善、更具有操作性的污染源普查，为"十三五"乃至以后的环境监管工作做准备、打基础。

（三）充分开展环境基准研究，污染物核算研究，在环境监管中注重污染物工况检测系统建设

传统的污染排放数据指标计算方法已经不能够满足精细化管理要求，人工采取物料衡算法测算污染物排放的方式也逐渐将被计算机时代所淘汰。开展环境基准研究，加强污染物核算研究，通过在线环境监测实时数据确定排污单位的平均排污强度、排放量，建立污染源动态数据库，对排污数据实行有效的统计分析，形成污染物工况检测系统是未来发展的趋势。

（四）国家层面尽快出台《排污许可证管理办法》

为了加强对污染源的监督管理，控制和减少排污总量，国家层面应尽快出台《排污许可证管理办法》，以排污许可证为抓手，将环境管理中的环境监测、排污申报、环境统计等多套数据统一起来。

（五）完善总量核查核算制度，重视日常监督监察结果

加强总量减排日常监督监察结果的运用，充分发挥基层监察执法力量，加强基层监察执法培训，加强省部级总量减排执法的现场抽查和后督察，完善环境监察系数考核办法，完善总量核查核算制度。

浅谈机动车污染现状及减排

湖南郴州市环境保护局 付资平

摘 要： 汽车工业的快速发展和汽车保有量的快速增长，给日常生活带来便利的同时对空气污染也越来越严重，影响人们的健康生活，破坏生态环境。减少汽车尾气污染物排放，有效控制机动车污染物排放总量，使城市空气质量得到有效改善具有重要意义。

关键词： 机动车 尾气 减排

环境和能源是近一个世纪人类最关心的两个问题，也是 21 世纪我国乃至世界各国坚持走可持续发展的重要战略问题。随着改革开放的进一步深化和经济的持续发展，我国的汽车保有量越来越大且年平均增长较快。在不到 20 年的时间内，中国成为了世界机动车生产和销售市场第一大国。在许多城市，从前满街自行车的景象已被拥堵的机动车流所取代。机动车污染已成为我国空气污染的重要来源，是造成雾霾、光化学烟雾污染的重要原因。近年来随着雾霾天气的增多，机动车尾气排放已越来越受社会的关注，如何减少机动车氮氧化物排放已成为各地关注的重点。

一、机动车发展现状及危害

（一）机动车发展现状

中国是当今世界上最大的发展中国家，幅员辽阔，人口众多，经济持续快速增长，社会交通需求量巨大，这为机动车工业的发展提供了广阔的空间。据统计，20 世纪 90 年代以来，中国汽车工业一直处于持续高增长状态，汽车产量年增长率都在 12% 以上。随着汽车产销量的快速增长，中国汽车的保有量也大幅增加，每年以 10% 以上的幅度增长。与此同时，在市场需求的带动下，摩托车、农用运输车也迅速发展壮大。目前，中国是世界第一大汽车消费国。

（二）机动车尾气危害

汽车尾气排放主要有油箱泄漏、燃料蒸发和排气管排放三种方式，其成分比较复杂，含有上千种化学物质。人们常常可以看到小轿车后面排气管喷出的团团白烟，柴油汽车和三轮摩托车还冒着滚滚黑烟，而且夹带着难闻的气味。据统计，1 000 kg 汽油通过汽车发动机燃烧产生动力后，要排除 10～70 kg 尾气。汽车高速行驶时，车尾喷出团团白烟。此时排气量最大，白烟中氮氧化物含量很高，这是汽油在高温燃烧下产生的一种有害气体。汽油车和柴油车的排气污染物都包括氮氧化物。如今尾气排放已成为区域性大气污染问题频繁发生的"主凶"。京津冀、长江三角洲和珠江三角洲区域保有全国 43%的汽车，却仅占全国 6.3%的土地面积，汽车排放的氮氧化物和一氧化碳、碳氢化合物在大气中反应，形成灰霾、酸雨和光化学烟雾，造成区域性污染不断加剧，在山东半岛、武汉城市群、长株潭城市群等也频繁出现类似问题。机动车污染物排放是当前大、中城市空气污染的主要来源。2010 年我国仍有 20%的重点城市空气质量不达标，来自机动车污染贡献日益加重，我国大气污染已呈现出烟煤和机动车尾气复合型的污染特征。尾气排放已严重威胁人民群众身体健康。汽车排出尾气中的氮氧化物之中包含一氧化氮和二氧化氮，一氧化氮排入大气后会逐渐转变为二氧化氮。高浓度的一氧化氮能引起中枢神经的瘫痪。二氧化氮引起闭塞纤维性支气管炎等。由氮氧化物和一氧化碳、碳氢化合物反应形成的光化学烟雾对人的影响主要是对眼睛和呼吸道产生刺激，使红眼病患者增加，促进哮喘病发作，并引发其他疾病。研究表明，汽车尾气排放对居民健康的危害，要比工业烟囱高出很多。

二、机动车氮氧化物污染现状

（一）机动车保有量现状

《2012 年中国机动车污染防治年报》显示，我国已连续三年成为世界机动车产销第一大国。2011 年我国汽车产销量超过 1 840 万辆，汽车保有量达到 9 573 万辆，汽车保有量以近 20%的速度增长。机动车快速增长的保有数据显示，我国已位居世界第二。有专家分析，由于消费观念以衣食为主向以住行为主的转变，我国目前千人汽车保有已约 60 辆左右，按照国际公认的汽车社会标准（100 个家庭中有 20 个拥有汽车，就是进入了汽车社会），已进入汽车社会初级阶段，在今后一段时间将会继续快速增长。预测在"十二五"期间，将新增机动车保有量 1 亿辆，新增车用燃油 1 亿～1.5 亿 t。这意味着燃油需求和环境污染压力将继续加大。测算结果表明，在所有新增汽车符合国Ⅳ标准的情况下，"十二五"末仍将新增污染物排放 1 600 万 t。

（二）机动车氮氧化物总量减排情况

据统计，2010 年机动车排放氮氧化物 599.4 万 t，2011 年机动车氮氧化物排放量637.5 万 t，相比 2010 年排放量增加 6.36%。未能实现减排的主要原因在于，年度注销车辆数仅为年度平均淘汰目标的 60%，且由于淘汰车辆主要以轻型车为主，以及排放阶段认定等原因，削减量仅为目标削减量的 30%。

目前新登记注册车辆数继续保持增长，总量调控难度极大。我国报废汽车和趋于报废汽车数量相当庞大，而这部分汽车的发动机和排气设备已经老化，尾气污染排放相当严重。国家还没有制定出台相应的老旧机动车淘汰补贴政策，各地淘汰车辆进展缓慢，同时，由于正规报废拆解体系不尽合理，很多提前报废的车辆并不注销车牌。此外，我国机动车燃油质量不高，造成高油耗、高排放、高污染的现象产生。由于工作基础的欠缺，监管力度不强，管理减排要求对大部分来说的确也很难在短期实现。

　　总体来看，现阶段我国机动车氮氧化物总量减排依然属于起步阶段，巨大的减排压力促使我们加快落实机动车减排措施。

（三）机动车氮氧化物减排措施

1．淘汰高排放黄标车

　　"黄标车"是指未达到国Ⅰ及以上标准的装用点燃式发动机汽车和未达到国Ⅲ及以上标准的装用压燃式发动机汽车。以轻型车为例，1辆黄标车的排放量相当于28辆国Ⅳ车排放量。据统计我国黄标车数量仅占机动车总量17%，却排放了50%以上的污染物。因此，高排放黄标车成为"十二五"机动车氮氧化物总量减排的重点。在国务院发布的《国务院关于印发国家环境保护"十二五"规划的通知》（国发[2011]42号）文件中指出"加速淘汰老旧汽车、机车、船舶，到2015年，基本淘汰2005年以前注册运营的"黄标车"。各地要严格执行老旧机动车强制淘汰制度，加强营运车辆强制报废的有效管理和监控，严格废旧汽车拆解回收监管。商务部、发改委、公安部和环境保护部联合公布的《机动车强制报废标准规定》于2013年5月1日起施行。规定要求，国家根据机动车使用和安全技术、排放检验状况等，对达到报废标准的机动车实施强制报废。这将对淘汰高污染、高排放的老旧机动车起到积极推进作用。黄标车作为机动车污染的重要来源，淘汰作为根治黄标车污染的最合理、有效途径，国家应加大政策及资金支持。

2．提高新注册车辆准入门槛，发展清洁能源机动车

　　各地新车注册登记同步执行国家规定的阶段排放标准。不断扩大在售汽车环保监督管理，确保销售汽车达到排放标准要求。有条件的地区可以建立新车注册登记、在用车尾气排放检测及维修网络监管体系。加大清洁能源汽车的开发和生产，国家应鼓励和支持包括太阳能、电能汽车的研发，加大财政投入，给予政策支持；大力倡导使用清洁能源、液化石油气和天然气等汽、柴油替代品车辆的使用。清洁能源机动车通过充分燃烧后形成水和二氧化碳排放至空气，能达到对环境零排放、零危害的效果。

3．推动油品配套升级

　　燃料的品质与汽车发动车的燃烧过程和燃烧效果有直接关系，改进燃料品质是控制汽车排放污染相当重要的途径之一。各地应提升车用燃油品质，鼓励使用新型清洁燃料，按照国家要求及时供应符合国家第四阶段标准的车用燃油，加快车用燃油低硫化步伐，实现车、油同步升级。建立健全油品质量抽查监管制度，加强对社会加油站销售燃油的抽查监督，全面保障油品质量，及时确定不同阶段的成品油供应方案，并向国家有关部委申请出台不同阶段的车用成品油价格政策。环保部门要会同有关部门继续实施对加油站、储油库、油罐车油气回收工作，推进油气回收综合治理。提升燃油品质可以从源头减少尾气排放，油气回收系统可减少油气污染。

4．提高再用机动车环保标志核发率

全国 31 个省、自治区、直辖市绝大部分启动了机动车环保检验合格标志的核发，据不完全统计，到目前为止共计发标约 3 000 万枚。仅占汽车保有量的 30%。大部分地区的标志核发不全面，仅在被委托的检测机构设立发标点，新车、转入车登记注册环节的标志核发薄弱，对减排核查的影响很大，大多数地市注销车辆均未核发环保检测合格标志，导致全国机动车氮氧化物减排结果存在虚增情况严重。因此，各地应加快机动车尾气检验机构委托和建设工作，提高机动车环保定期检测率，加大标志核发力度，落实黄绿标分类管理制度，推进环保检验机构规范化运营，确保减排核查数据准确，减排目标完成。

5．逐步推行简易工况法检测

为有效降低机动车的氮氧化物排放，完成国家"十二五"确定的目标任务，还需要进一步加强对在用车排放的监督管理，及早发现超标排放车辆。因为双怠速法只测量一氧化碳和碳氢化合物排放，不测量氮氧化物排放，因此缺乏对在用汽油车氮氧化物的监管。从氮氧化物排放监管的角度，仅采用双怠速法是不够的，应积极推广使用能有效监管汽油车氮氧化物排放的简易工况法，如稳态加载法和简易瞬态工况法，定量反映机动车氮氧化物排放量，为机动车氮氧化物排放提供科学、准确的数据支撑。

6．大力发展公共交通

城市汽车尾气污染的根源在于城市车辆保有量的增加，要解决这个问题，发展城市公交车，减少小汽车使用是最直接的。完善城市交通基础设施，落实公交优先发展战略，加快建设公共汽、电车专用道路并设置公交优先通行信号系统。通过划定高污染车辆限行区域、调整停车费等手段，提高机动车通行效率，降低机动车排放强度。改善居民步行、自行车出行条件，鼓励选择绿色出行方式。

三、结 语

近几年机动车排气型污染已替代煤烟型污染成为城市主要大气污染源，并且这一趋势还将继续发展。氮氧化物是当前机动车排放控制最为困难的污染物。全国各地正积极开展机动车氮氧化物减排工作，分析污染来源制定相应计划和措施控制机动车氮氧化物排放量。作为城市大气中氮氧化物排放的主要来源之一，氮氧化物达到减排目标对于空气质量的改善具有重要意义。

西部民族贫困地区主要污染物减排工作的思考

湖南省湘西土家族苗族自治州环境保护局　王建华

摘　要：随着我国西部地区经济不断发展，以及高耗能产业向西部的转移，面临节能减排的形势日趋严峻。本文以位于湖南省西北部的湘西土家族苗族自治州为例，分析了该地区主要污染物减排工作的开展情况及存在的问题，并对我国西部民族贫困地区的节能减排工作提出了政策性建议。

关键词：西部民族贫困地区　污染减排　思考

根据各省公布的 2014 年 GDP 预期增速，西部地区的 GDP 预期增速普遍高于中、东部，这就意味着，在全国节能减排形势趋紧的情况下，西部地区的节能减排形势将更加严峻。节能减排的困难主要来自国内高耗能产业由东部向西部的转移。由于经济发展的规律性，同时为了自身的经济增长，西部地区承接了高耗能产业的转移，原本就很大的节能减排压力也随之增加。当前东部高耗能产业和低端产业将逐步向西部转移。西部有广阔的经济发展空间、充足的资源、相对低廉的劳动力价格，而且西部的环境成本和人口密度要远低于东部。环境污染的成本与人口密度、收入水平成正比，如果污染不可避免，那么相对于东部来说西部的环境污染成本比较低。当然，政府可以有意识地在政策上对高耗能转移进行抑制或者管理，但是发展大潮依然是无法阻挡的，因为资源配置是市场化的行为和后果，是经济发展的必然。本文以位于湖南省西北部的湘西土家族苗族自治州"十二五"主要污染物减排工作开展情况及存在的问题为例，对我国西部贫困地区的节能减排工作提出几点政策性建议。

一、湘西土家族苗族自治州州情简介

湘西土家族苗族自治州位于湖南省西北部、云贵高原东侧的武陵山区，东经 109°10′至 110°22.5′，北纬 27°44.5′至 29°38′。北邻鄂西山地、东南以雪峰山为屏；东部与湖南省张家界市、怀化市交界；西南与贵州省铜仁地区接壤；西部与重庆市秀山县毗连，西北与湖北省恩施州相邻，系湘鄂渝黔四省市交界之地。境内居住着土家、苗、汉、回、瑶、侗、白等 30 个民族，总人口 268 万，世居主体民族土家族占 41.36%、苗族占 32.62%。辖吉首市和龙山、永顺、保靖、花垣、凤凰、泸溪、古丈七县，总面积 15 462 km²；是湖南省进入国家"西部大开发"的唯一地区。

二、主要污染物减排工作基本思路

按照国家要求，"十二五"期间主要污染物减排控制指标由"十一五"期间的二氧化硫、化学需氧量两项增加到二氧化硫、氮氧化物、化学需氧量、氨氮、铅（湖南省增加）五项，减排领域由原有的工业和生活扩展到交通运输和农业。我州主要污染物化学需氧量和氨氮主要产生于生活源和农业源，污染物削减主要依赖于城市污水处理工程和农业源的畜禽养殖污染治理工程。目前，我州已建成投入运行的污水处理厂 9 座，设计处理能力 18.5 万 t/d。正在建设的污水处理厂 4 座，设计处理能力 1.56 万 t/d。二氧化硫主要产生于工业源，其削减主要依赖于工业治理和工业结构调整项目，氮氧化物主要产生于工业源及机动车尾气排放，其削减主要依赖于工业治理、工业结构调整、水泥脱硝和机动车黄标车淘汰。铅减排主要依赖于工业治理和工业结构调整项目。

随着经济规模的不断扩张，能源消费量持续增加，城镇化进程加速推进，污染物的新增排放量逐年增大，而减排项目空间有限，减排压力增大。

三、主要污染物减排工作特点及存在的困难

（一）生态与发展矛盾突出，部门之间难以形成合力

国家在考核污染物减排中，不仅对实施结构调整、工程治理、加强管理等方面产生的污染物削减进行核查，同时对各地区经济社会发展带来的污染物的新增量进行核算，从而确定各地污染物排放总量。GDP、城镇人口、煤炭消耗、工业产值、产品产量、畜禽养殖量、机动车保有量等统计数据的变化，特别是全口径核查核算的水泥、造纸、纺织、铅锌等行业产量变化及污水处理厂的运行情况等，将直接影响污染物新增量的确定。污染治理所形成的削减量难以消化经济发展带来的增量。我州是西部民族贫困地区，随着近年来外出务工人口的增多和人口总体素质的提升，人民群众对加快地区发展，尽早脱贫致富的愿望更加迫切，部分县市政府对污染物减排工作认识不足，经济发展和环境保护之间的矛盾比较突出，某些县市一味追求 GDP 的增长，使部分工业产品产量统计数据虚增，更增大了减排的压力。根据环保部门日常监管情况，一些常年停产企业在统计部门的数据中出现产品产量，甚至一些政府已下文关停的企业也出现在统计中，造成污染物核算新增量远远大于实际新增量，年度减排量难以抵消新增量，导致减排任务难以完成。

（二）机动车减排政策不到位，减排难度大

"十二五"期间，国家将机动车氮氧化物减排纳入减排监管领域。机动车主要从淘汰高排放车辆、改善车用油品质量和积极发展新能源汽车等方面开展减排工作，此外加强对在用车的管理，如区域机动车限行和执行严格的机动车排放标准也可有效减少机动车 NO_x 的排放。"十二五"期间，我州机动车氮氧化物排放量继续呈增长趋势，从 2010 年的 5 263 t 增加到 2013 年的 5 942 t，增长比例为 13%，要完成"十二五"减排任务难度很大。以 2013

年为例，我州新注册车辆 14 124 辆、新增氮氧化物排放 404 t，转入车辆 1 628 辆，新增氮氧化物排放 226 t，注销车辆 4 686 辆，新增氮氧化物削减 298 t，转出车辆 1 849 辆，新增氮氧化物削减 77 t。实施新注册车辆发放环保合格标志，在一定程度上缓和新注册车辆带来的新增氮氧化物排放量的压力。此外，我州农村大多山高路远，农户为方便生产生活自购摩托车、农用车、载客小型车辆等无牌无照车辆很多，难以监管到位，也给机动车减排造成巨大负担，造成实有削减的氮氧化物量无法体现。近两年，氮氧化物排放出现不降反增，减排形势严峻。

（三）农业源减排涉及敏感的"三农"问题，减排措施主要以畜禽养殖污染治理为主

我州作为贫困地区，基础设施薄弱，特别是广大农村地区，有的连水、电、路三通都未达到，且绝大部分项目无治理资金，加上部分业主思想认识不到位、治理力度不到位，规模化畜禽养殖减排项目建设总体滞后且减排效益较低，部分养殖场仅修建简易养殖废弃物堆放池、养殖废水进沼气池处理后无处置去向、难以达到总量减排核算要求，难以形成减排新的突破点。

（四）城市污水处理厂运行不佳，减排效果难以实现

我州各县市城市规划起点低，旧城区污水管网改造铺设施工难度大、成本高，部分区域仍沿用原有污水收集系统，远远不能满足城市发展需求，严重影响我州减排任务的完成。一是污水收集管网不完善，污水难以收集到位。污水收集管网建设项目中污水主干管和支管的建设，因地方配套资金未落实，只完成主干管的建设，支管未建，污水难以收集到位；二是管网难以维护。各县市均出现管网严重堵塞现象，污水无法收集进管网，部分县市由于工程设计和建设存在缺陷，管网维护的难度较大；三是河水渗入管网情况突出。处于水位下或洪水位下管网均存在河水渗入管网的现象，导致进厂污染物浓度偏低；四是部分县市污水处理厂处理工艺或运营管理不到位，使部分污染物难以稳定达标。

四、对西部贫困地区节能减排工作的建议

（一）确定差异化的区域节能减排目标

中央政府在分解各地的节能减排目标时不宜"一刀切"，应根据地区经济发展水平、产业结构特点、节能潜力、环境容量等进行综合考量。按照"共同但有区别的责任"原则，对东部沿海地区进行重点控制，严格落实节能减排目标，对中西部地区的节能减排适当放宽，并分出不同的等级，制定出更细的分级标准。

（二）制定和完善区域间转移支付制度

加大中央财政对中西部地区的投入力度，支持其通过强化监督管理、加快节能减排技术创新、加大脱硫脱硝设施建设力度等方式，调整产业结构，提高能源利用效率。建立并完善地方政府间节能减排的横向财政转移支付制度，加大东部发达地区对西部落后地区的

对口援助和支持力度。

（三）因地制宜开展节能减排实践

将国家节能减排方案与地方实际相结合，有针对性地制定区域节能减排政策。各地要充分利用国家给予的各项政策合理安排节能减排重点领域和工程。如循环经济和低碳发展试点省市可率先进行循环经济、低碳发展、碳交易市场探索，为节能减排另辟新径，探索具有地方特色的节能减排路径。

（四）建立区域间节能减排沟通机制

为了做好区域间节能减排协调工作，建议设立由国家发展改革委负责的区域间节能减排协调机构，各省节能减排主管领导为协调机构成员。通过建立节能减排通讯机制和举办节能减排工作联席会议等，各省交流节能减排工作经验。要求那些开展国家循环经济试点、排污权交易试点、低碳发展试点、碳交易试点等国家试点的地区定期公开发布节能减排等方面的信息。

四、生态环境篇

健全环境管理体制是改善生态环境的基础和动力

北京市朝阳区环境保护局 关 伟

摘 要：改革生态环境保护管理体制，充分发挥体制的活力和效率，是解决生态环境领域的深层次矛盾和问题的体制保障。本文阐释了我国现行的环境行政管理体制现状、存在的问题以及改革建议；重点分析北京市环境质量状况、工作形势和问题、影响环境管理体制改革的因素以及优化环境管理体制改革的建议；提出环境管理体制改革是改善生态环境的正确方向，是加强地方环境管理能力的根本对策。

关键词：环境管理体制 改善生态环境 基础 动力

近年来雾霾天气、水污染、城市垃圾、气候变暖、臭氧层破坏、能源短缺等环保问题成为公众热议话题。生态环境污染和破坏不仅给社会带来巨大的经济损失，还威胁到人民群众的身体健康、社会稳定乃至人类的生存发展。党的十八大提出了"五位一体"的发展战略，彰显了我国建设"美丽中国"的决心。"打铁还需自身硬"，在我看来改善生态环境首要任务是夯实基础，健全环境管理体制，强化地方环境监管能力。然而，目前的地方环保部门处境十分尴尬，在保护生态环境和服务地方发展时常处在两难境地。因此，通过管理体制改革，有效发挥地方环保部门作用，为生态环境建设夯实基础，提供动力十分必要。北京作为首都更应在探索的道路上先行示范。

一、我国现行的环境保护行政管理体制问题及建议

（一）我国现行环境保护行政管理体制现状

我国对环境保护行政管理工作非常重视，1982 年至 2008 年历经六次重大行政体制改革，环境监管地位和能力不断加强。目前已建立了国家、省、市、县四级政府、环境保护行政主管部门及相关职能部门共同管理的格局。《中华人民共和国环境保护法》（以下简称《环境保护法》）规定了我国现行环境保护行政管理体制的基本框架，可以概括"统一管理与分级、分部门相结合"。国务院环境保护行政主管部门对全国环境保护工作实施统一监督管理；县级以上地方人民政府环境保护行政主管部门对本辖区的环境保护工作实施统一监督管理；国家有关部门依照有关法律的规定对环境污染防治实施监督管理。

（二）现行体制存在的问题

1. 地方环保部门有责无权

《环境保护法》将环境质量责任和污染危害处理权赋予地方各级政府，剥夺了环保部门"统一监督管理"的权力。地方环保部门执法权力小，手段软，只有限期治理，停产治理建议权，没有责令停业权力。行政处罚手段仅有罚款，而罚款数额远低于守法成本，对污染企业威慑力不足。

2. 地方环保部门受属地干扰严重

环保部门的资金保障、职工收入、人员编制、人事升迁等利益掌握在地方政府手中。其从属地位和行政价值观的偏离导致独立性和权威性的丧失，在地方权力系统中逐渐边缘化，甚至出现了湖北团风县地方政府撤销县环保局等恶性事件。

3. 基层环保部门力量薄弱

近年来，行政事权不断下放，而财权却向上收缩，且人员编制严重不足，造成了地方环境保护工作职责和能力严重不符。以我局为例，2008 年后北京市环保局分批调整下放了部分行政许可事权，而对应的项目资金和人员编制没有增加。2014 年，全区各类污染源单位 5 777 家，而环境执法编制仅有 52 个，监管力量严重不足。若再向基层延伸，情况则更为严重。各街道、地区办事处均没有专门的环保部门，仅有一名环保员编制，且大多身兼拆违、综治、卫生、节水、城建以及社区等多项职责，无暇顾及环保工作。

4. 同级环保部门间缺乏协调

环保工作考核主体是地方政府，作为独立的利益主体，在经济发展的大前提下，往往忽视污染治理方面的合作，缺乏沟通和协同行政机制，易造成对同一对象环境监管的割裂。近年来，如淮河污染、长江水土流失等多起环境污染事件都与此有关。

5. 各级环保部门间存在职责同构现象

各层级间职责边界含混不清，下级部门对照上级部门进行机构设置，各级环保部门事权相互重叠，缺乏独立性，时常出现越位、缺位和错位的现象，造成了行政成本的增加而行政效率相对下降。

6. 环境监督机制不健全

体制内监督重业务轻能力。监督重点放在落实环保法律、重大环保任务和处理重大污染事件上对编制、经费等没有专门监督机制。同级监督没有制度保障，监督职责缺乏基础和手段，各相关部门基本处于各自为政状态。

（三）环境管理体制改革建议

（1）环境管理体制实行省级以下垂直管理。环境监察工作实行中央垂直管理，加强地方政府环保工作的监督，加大省际间环保问题的协调。

（2）在全国范围内设置若干专项议事机构，对跨省级行政区划的自然生态区域环境保护工作实施统一协调监督。

（3）中央环保主管部门"抓两头、放中间"，着力于制度供给和目标考核，退出具体环境事务的管理。地方环保部门狠抓国家正令实施，牵头地方相关部门开展环境治理与生态建设。

（4）强化环境保护委员会职责，构建环境保护统一监管格局。环保与安监工作有许多的相同点和相关性。首先，根据相关法律，两个部门分别负有各自工作领域统一指导、协调、监督其他部门的职责，都设有相应的委员会和委员会办公室。其次，很多环境污染事件由安全生产事故引发。第三，在安全生产工作起步阶段，也面临与环保部门同样的尴尬境遇，即对相关职能部门"牵不住、调不理、督不动"。如今安监部门已成为综合协调能力极强的强势部门。因此，可借鉴安全生产综合监管经验，在地方政府的支持下，强化环保部门的协调、监管和追责能力，落实环委会职责，提升环境保护工作地位。

（5）强化基层环保能力。一方面是加大基层环保部门环境监察和环境监测能力标准化建设力度；另一方面重点加强县（乡）级环境管理机构建设。从机构编制上保证基层环保管理队伍的独立性和完整性。组建与区域环保工作相适应的管理队伍，并保证专人专用，不要借环保之名行别家之事；从选人机制上保证队伍的专业性。把好进人关，坚持"凡进必考"的人事选拔方式，挑选专业对口，各方面素质好的人充实基层环保队伍，确保环境保护管理的队伍素质；从财政制度上保障工作经费。环境保护作为我国的基本国策，其工作预算应参照教育系统，根据各级地方财政收入情况按固定比例划拨，专款专用确保环保工作适应新形势发展。

二、北京市环境管理体制改革的建议

北京市作为首都和直辖市，全国的政治、经济、文化、交通中心，环境管理体制也应具有自己的特色，具有创新性与示范性。

（一）北京市环境质量状况

北京市位于华北平原西北边缘，毗邻渤海湾，上靠辽东半岛，下临山东半岛，与天津市一起被河北省环绕。辖区面积 16 410.54 km^2，下辖 16 个区县和 1 个经济开发区。2013 年常住人口 2 114.8 万人，机动车 537.1 万辆，地区生产总值 1.95 万亿元，增长 7.7%，全市三次产业结构比例 0.8∶22.3∶76.9。

2013 年，全市细颗粒物（$PM_{2.5}$）年均浓度值 89.5 μg/m^3；污水处理率中心城达到 96.5%；林木绿化率、森林覆盖率分别达到 57.4%和 40%；工业固体废物处置利用率达到 100%，市区生活垃圾无害化处理率达到 100%，郊区生活垃圾无害化处理率 97.86%；生态环境状况指数 66.6，属于"良"等级。

（二）环境保护工作形势与问题

近年来，北京市不断加大环境保护和生态建设力度，取得了明显成效。但是，由于城市建设、人口、机动车保有量等规模不断扩大，垃圾、污水、废气等污染物排放增加，资源能源消耗加剧，环境保护压力不断加大，环境承载能力受到严峻考验。一是污染持续减排压力大。削减污染物"存量"须深挖潜力，控制污染物"增量"任务加重。二是环境质量改善压力大。大气污染防治苦难重重，水体几乎丧失自净能力，声环境质量改善面临挑战。三是环境风险防范压力大。防范突发性环境事件、维护首都环境安全的任务艰巨。四是解决群众关注环境问题难度大。交通噪声、生活垃圾、电磁污染等环境问题与公众环境维权行为协调困难。五是还没有形成真正意义上的大环保工作格局。环境设备、人员和资金投入大幅度提升，但存在各自为政和政出多门的情况。六是社会公众与企业参与环保工作不够。政府处在环境管理的绝对主导地位，企业和公众环境管理参与意识缺乏。

（三）影响环境管理体制改革的因素

北京的环境管理体制改革要符合本地区的政治、经济、文化、地理、气候等重要因素，以及环境保护和生态建设的实际情况。我认为应考虑的重要因素有以下几点：

1. 北京的地位特殊

作为首都，全国的政治、文化中心和国际交往的枢纽，无论是作为国内其他城市发展的示范，还是向各国展示中国的窗口，都要求北京大力发展环保事业，打造宜居宜业的生态环境。此外，如奥运会、园博会、国庆庆典、APEC 会议等各类大型活动密集，更需要打破各区县行政壁垒，集中环境监管力量完成环境保障任务。

2. 北京辖区面积较小

辖区面积 16 410.54 km^2，在全国 32 个省、自治区、直辖市中排名倒数第三。地形平原占 38%，山地占 62%，主城区位于平原地区。与其他省市相比，监管面积小，地形地貌简单，集权化管理更有利于环保工作开展。

3. 北京环境承载力负荷过重

常住人口 2 114.8 万人，流动人口增长维持在每年 30 万人以上。激增的人口数量产生的大量环境污染已使北京的环境承载能力达到极限。然而，北京市每万人拥有环保系统人员数远低于需求，在行政编制数不可能有重大突破的情况下，更需要统一管理调度，提升环境监管效能。

4. 北京处在发展方式转型期

2013 年全国各省市 GDP 排名中，北京排名第 13 位，且三次产业结构比例 0.8∶22.3∶76.9。中关村示范区企业总收入增长 20% 以上。以金融业、科技服务业、商务服务业、文化创意产业为代表的服务业企业利润增长 20%。高技术制造业、现代制造业增加值 10%以上。可以看出，相对于较小的面积，经济总量巨大，高端产业发展迅猛，正处在经济结构调整和优化升级，发展方式转变的重要时期。因此，更应通过科学的环保规划和环境管理，加速发展方式转型，实现可持续发展。

5. 北京环境监管对象强势

中央机关、部队、驻外使馆、科研院所，大型国有、民营和外资企业等高度聚集于此，上述单位级别普遍较高，各区县环保部门管理难度极大，如 2014 年 6 月曝光的国家文物局食堂环境污染问题，就需要东城区环保局联合北京市环保局进行查处。此外，像首农集团等大型企业在全市很多区县下设机构，区县环保部门各自监管缺乏统筹，难以形成合力。

6. 北京输入性污染所占比例较大

北京地理位置上被河北省环绕，环境保护部 2013 年公布的内地十大污染城市中，河北省占 7 个，其中石家庄位居首席。过境污染物对北京的环境质量影响很大，需要与周边省市联防联控进行环境污染治理。

（四）优化环境管理体制的建议

1. 实行环境保护垂直化管理

有利于环保政策与目标的贯彻和执行，有利于协调调度人力、财力、物力，集中力量完成重大环保任务，提高环境监管效能，还有利于环保干部轮岗交流，避免权力寻租。必要时可打破行政壁垒，取消各区县环保局设置，依据功能区划定位和环保工作特点设立下属派出机构，为环境监察、应急、监测等工作提供支撑。

2. 强化基层环保能力建设

加快区县及以下级别环保部门环境执法和监测能力建设。特别是要加强街道（地区）办事处一级环保力量，设立专职环保机构，充实人员编制，配备必需的用房、车辆、装备等，确保每个街道（地区）办事处有独立执法队伍，形成市—区—街（乡）—社区（村）层级完整的垂直管理体系。

3. 实化环境保护委员会

北京市环境保护委员会已成立 20 余年，但其职能还停留在各类方案总结起草等比较虚化的阶段。应借鉴安监等部门的工作经验，将其职能实体化。由市长或常务副市长任环委会主任，市环保局作为具体办事机构，赋予其对相关职能部门强力的监督、考核、责任追究等权力，并在政绩考核体系中占有较大权重。

4．牵头建立京津冀地区环境质量委员会

区域协同一体化的考量环境保护工作。编制区域生态保护和可持续发展规划，健全完善联防联控工作机制，深化监测预警、信息共享、协商统筹等工作制度，建立联动执法机制，提供资金和环保技术支持，使京津冀地区共享生态宜居环境。

5．探索建立环保警察制度

协调公安部门成立专业环保队伍，强化环境执法的权威性，运用警察权执行有关环境保护法律规范，制止、惩罚环境违法行为，侦查、打击破坏环境资源保护的犯罪行为，为环境保护行政部门执法人员正常活动和安全提供保障。

6．精简环境行政许可事项

北京的产业结构以三产为主，其中有大量规模小、分布散、污染轻等行业，如饮食服务业等，审批这类项目占用了大量行政资源。因此，应进一步深化环保行政审批制度改革，精简审批项目，推行审批流程再造，打造规范顺畅的行政审批环境。

三、环境管理体制改革的必要保障

我国的环境管理体制改革涉及政治、经济、法制方方面面的工作，影响范围也很广，因此需要夯实基础保障工作。

（一）完善环保法律体系

通过立法确立环境保护行政主管部门主导能力、法律地位、机构组成、管理职能和监督程序。通过完善现有环境法律法规体系，明确地方政府的环保职能与责任，明确有关部门履行环境管理的具体职责。

（二）调整政绩考核导向

采取"一票否决制"，对于环保工作者的考核实行选拔、任用、评先选优一票否决，才能从根本上触动地方官员的政绩观，缓解地方政府与环保部门利益分化的趋势，使环保政绩考核有效发挥作用。

（三）运用经济调节手段

一是建立环境税收制度。在我国现有的税收种类中，增加绿色税制进行细化微调，如排污税收、垃圾税、噪声税、生态税以及能源税等。二是建立生态补偿制度。针对区域性生态保护和环境污染防治领域，以"受益者付费和破坏者付费"为原则，通过行政和市场手段让破坏和污染环境的地区对被污染地区进行补偿，从而平衡环境保护利益纷争。

（四）加大环保问责力度

在行政机关追究机制基础上，强化各级人大和司法机关的问责权。各级人大强化对环保责任的质询，对违法、犯罪的官员行使罢免权，对因环保问题被问责的官员谨慎复用。司法机关提前介入调查，与纪检部门调查同步，理清政治责任、行政责任和法律责任，防止以行政责任追究代替法律责任追究。

目前的环境管理体制改革创新还处在探索阶段，有着不同的意见和声音。实行环境管理体制垂直化无法解决所有问题和矛盾，也很难适应不同地区环保工作的需求。但是，我坚信环境管理体制改革是改善生态环境的正确方向，是加强地方环境管理能力的根本对策。我们一定要坚定改革的信心，把握改革的方向，用深化环保体制改革解决社会经济发展的问题，为建设社会主义生态文明筑牢根基，提供动力。

锦州生态市创建情况分析及建议

辽宁省锦州市环境保护局　张朝莹

摘　要： 建设生态文明，是关系人民福祉、关乎民族未来的长远大计。建设生态市是建设生态文明的具体实践。本文阐述了锦州市积极探索创建生态市的基本情况，提出要注重顶层设计、更新观念、创新技术，不断完善城市基础设施，加强城市园林绿化建设，同时运用法规体系，强化公民和政府的环保意识。

关键词： 生态市创建　锦州市　建议　生态文明

党的十八大提出，建设生态文明，是关系人民福祉、关乎民族未来的长远大计。要把生态文明建设放在突出的地位，融入经济建设、政治建设、文化建设、社会建设各方面和全过程，努力建设美丽中国。建设生态市则是建设生态文明的具体实践，是党的十八大精神的要求，对践行群众路线、实现经济社会又好又快发展具有重要的意义。

一、锦州市自然和社会状况

锦州市位于辽宁省西南部，全区东西长 143 km，南北宽 114 km，总面积约 9 891 km²。锦州市地处辽西丘陵与辽河平原过渡区，属于华北陆台的一部分，地势为西北高、东南低，西北部多山地丘陵，地势变化较大，东南趋于平原，地势变化小。海岸较平直，多为沙岸。

锦州地区气候为温带湿润半湿润季风型大陆性气候区，多年平均气温为 9.4℃，年平均降水量为 573.9 mm，全年主导风向为北风，多年平均风速为 3.8 m/s。锦州地区植物区系属于华北植物区，区内森林覆盖率为 18.1%。

锦州市水资源量为 176 077 万 m³，人均占有量 569 m³/人，为全省人均的 66%。

锦州市是环渤海经济圈中的重要开放城市，是辽西地区的经济文化中心，工业门类齐全，是以石油、化工为主，冶金、机械、电子、轻纺、医药、建材为重点的综合性工业城市。锦州市国民经济保持稳定、快速增长势头，2011 年全市生产总值为 1 115 多亿元，2012 年 1 248 多亿元，2013 年已经达到 1 360 亿元，居辽宁省第五位。

二、锦州市生态环境现状

（一）土壤侵蚀

锦州市平原区土壤侵蚀相对较轻，侵蚀程度级别为轻度，低山丘陵区土壤侵蚀相对较严重，其中义县西部山区（松岭山脉）侵蚀程度级别为强度，北镇市西北部（医巫闾山东部）、义县东部山区（医巫闾山西部）、凌海市西北部山区（松岭山脉）、锦州市区低山丘陵区土壤侵蚀程度为中度。

（二）盐渍化

锦州市平原区（包括低洼地）盐渍化级别为轻度。

（三）石漠化

锦州市低山丘陵区石漠化较严重的地区有凌海市石山镇石山，评价结果为极强；义县的地藏寺乡、头台乡、刘龙台、留龙沟乡、头道河乡部分山体和北镇市罗罗堡乡部分山体，为中度石漠化。

（四）水资源和水环境

水资源：锦州市全区水资源总量为 176 077 万 m^3。目前锦州市人均水资源占有量为569 m^3，比全省人均占有量少 288.7 m^3，相当全国人均占有量的 1/5，市区（平原区）的人均水资源量仅仅是 74.4 m^3，是全市水平的 13%，同时市区的单位土地面积水资源也是全市最低水平，市区人口密集造成缺水现象较严重。

（五）植被与森林资源

全区植被类型复杂，包括针叶林、阔叶林、灌木丛、灌草丛。全区划分为三个主要的植物生态区：医巫闾山脉及松岭山脉乔木植被区、东南平原区一年一熟农作植被区、南低洼易涝牛鞭草、芦苇、碱蓬草植被区。①西北山丘陵水源涵养、水保持区；②中部东南平原农田林网、人工阔叶树用材林区；③东南部低洼地沿海防护林、人工阔叶树四旁植树区。

（六）生物多样性

物种多样性：锦州市植物区系属于泛北极植物区，中国—日本森林植物亚区。东北植物分为兴安、长白、内蒙、华北四个区，锦州市属于华北区，由于北和西北部邻近半干旱区，所以也有内蒙区和长白区的植物侵入，成为华北、内蒙、长白三个植物区系交错地带，植物种类繁多，特点多样。锦州市野生植物约有 1 000 种，分属 115 科、500 余属，大部分具有一定的经济价值。

（七）其他环境问题

一是农业面源污染，如农药污染和化肥污染，锦州市平均农药的使用量均超过了全国平均水平，黑山县、北镇市的单位施用耕地面积平均化肥施用量高于全国平均水平。

二是畜禽养殖污染，锦州市是养殖大市，黑山县、北镇市和凌海是养猪大县，义县是养牛大县，COD 的排放影响到锦州市减排任务的完成。

三是机动车尾气污染，随着锦州市机动车保有量的增加，机动车尾气对我市空气污染的贡献率越来越大。

三、锦州生态市创建简况

为了保护锦州市脆弱的生态环境，完成生态省建设任务，锦州市政府于 2009 年编制了生态市建设规划，启动了生态市创建工作。锦州生态市建设规划基础年以规划的前一年 2008 年为基准年，分 2015 年（近期）和 2020 年（远期）目标，与锦州市国民经济与社会发展计划或中长期经济与社会发展规划相衔接。

规划目标：经济结构得到改善，各产业比例协调发展均衡，经济运行高效平稳；生态保护做到污染得到严格控制，环境质量显著改善，达到环境功能区划要求；基础设施齐备便利；社会进步和谐发展，人居生活条件逐步改善，城市化水平不断提高，人民满意度不断上升。到 2020 年，锦州市 80%以上县区建设成生态县，把锦州建成经济发达、生态环境优美、文化繁荣、社会和谐、开放、宜居的沿海经济中心城市。

目前正准备对《锦州生态市建设规划》进行修编，之后以市政府的名义报市人大审议通过。

四个县（市）中，北镇市已于 2010 年完成了省级生态县的创建任务，目前正在冲刺国家级生态县。凌海市政府 2014 年将生态市建设任务列入政府工作十大工作任务。黑山县和义县于 2011 年完成了生态县规划的编写。正在着手生态红线划定的前期工作。

四、锦州生态市创建的重点任务

为了达到国家级生态市建设标准，主要任务有以下几项指标值，也是锦州市创建生态市所面临的重点和难点。

（一）单位 GDP 能耗

按照生态市指标要求，到 2020 年单位 GDP 能耗要小于 0.9 t 标煤/万元。锦州市目前单位 GDP 能耗为 1.53 t 标煤/万元。按照"十二五"规划锦州市将大力开展节能减排、节能降耗工作，到 2015 年单位 GDP 能耗将降到 1.32 t 标煤/万元；到 2020 年单位 GDP 能耗将降到 0.9 t 标煤/万元。

（二）单位工业增加值新鲜水耗

按照生态市指标要求，到 2020 年要小于 20 m^3/万元。锦州市目前现状为 30 m^3/万元左右。根据"十二五"规划，锦州市将通过建设和改造水耗少、能耗少的高新技术企业，控制和减少工业企业新鲜水耗，达到降低单位工业增加值新鲜水耗的目的，到 2015 年单位工业增加值新鲜水耗降低到 25 m^3/万元左右；到 2020 年单位工业增加值新鲜水耗降低到 20 m^3/万元以下。

（三）森林覆盖率

按照生态市指标要求，山区大于 70%、丘陵区大于 40%、平原地区大于 15%。根据锦州市国民经济"十二五"发展规划，全市森林覆盖率将从现状的 26.2%，增加到 32%。其中山区和丘陵将是锦州市大力造林的区域。2015 年山区森林覆盖率从现状的 60%提高到65%，2020 年提高到 70%；丘陵地区 2015 年森林覆盖率从现状的 30%提高到 35%，2020年提高到 40%；锦州市平原地区森林覆盖率已经达到 18.1%，是满足生态市指标要求的，只要加强保护就可以。

（四）受保护地区占国土的面积

受保护地区包括：各级各类自然保护区、风景名胜区、森林公园、地址公园、生态功能保护区、水源保护区、封山育林地面积等，按照生态市要求到 2020 年将超过 17%。经初步估算锦州市现状为 8%左右。根据"十二五"规划锦州市将大力提高森林覆盖率（从26.2%提高到 32%）的同时提高封山育林地面积、增加和扩建自然保护区（建设大笔架山海洋特别保护区、建设大亚湿地保护区）、划定全部乡镇和农村水源保护区、划定生态功能保护区等措施，到 2015 年受保护地区占国土的面积将达到 14%，到 2020 年将达到 17%。

（五）化学需氧量（COD）排放强度

到 2020 年要求小于 4.0 kg/万元。锦州市目前排放强度为 10.53 kg/万元。按照"十二五"污染减排规划，到 2015 年 COD 减排量在现在的基础上同比减少 4 万 t/a，COD 排放强度达到 5.87 kg/万元。到 2020 年 COD 排放强度达削减到 4.0 kg/万元。

（六）二氧化硫（SO₂）排放强度

到 2020 年要求小于 5.0 kg/万元。锦州市目前排放强度为 11.28 kg/万元。按照"十二五"污染减排规划，到 2015 年 SO₂ 减排量在现在的基础上同比减少 4 万 t/a，SO₂ 排放强度达到 6.8 kg/万元。到 2020 年 SO₂ 排放强度削减达到 5.0 kg/万元。

（七）城镇人均公共绿地面积

生态市指标要求到 2020 年达到大于 11 m²/人。锦州市目前现状为 6.38 m²/人。按照"十二五"规划，锦州市将开展"绿地工程"大力投资建设开发城市森林、城市防护林、城市园林、道路绿化等，增加公共绿地面积。按照"十二五"规划，到 2015 年锦州市将达到 9.0 m²/人，到 2020 年力争达到 11 m²/人。

（八）环境保护投资占 GDP 的比例

环境保护投资指用于环境污染治理，改善环境质量及有利于自然生态环境的恢复和建设的投资。生态市指标要求到 2020 年达到大于 3.5%。锦州市目前环境保护投资现状为1.8%。按照"十二五"规划，锦州市将大力拓展环境保护投资资金渠道，争取更多上级政府的资助、锦州市排污费每年征收都有所提高，每年环境保护投资也有所提高，递增的比例为 5.7%，到 2015 年锦州市将达到 2.65%，到 2020 年力争达到 3.5%。

（九）城市化水平

生态市指标要求到 2020 年要求达到 55%。锦州市目前现状为 38.5%。按照"十二五"规划，到 2015 年锦州市全市人口控制在 314 万，城市人口达到 132 万，城市化率可达到 42%。到 2020 年城镇人口将达到 200 万人，城市化率可达到 63.69%。可以达到生态市建设指标。

五、几点建议

（一）搞好生态市规划（修编）和设计

生态市建设是在参与或改造原有城市生态系统的过程中，建立新的人工生态系统。应着眼于"生态导向"的整体规划，其实质是从生态学的思想出发，把自然生态规律和经济发展规律结合起来，把人与自然看作一个整体系统进行规划，从而使生态城市向着更加有序、更加稳定的方向发展。其内容主要包括：①建立合理的生态市建设目标体系，合理协调自然、社会、经济等方面的要求，实现对生态城市调控和管理的高效运作。②要把城市、区域规划和国家不同层次的规划结合起来，使城市发展与区域经济的发展相协调，达到与区域共存、与自然共生。③把空间环境和生态经济体系规划相结合，寻求区域复合生态系统可持续发展的途径和整体最优化方案，追求整个城市经济、社会和生态环境的最佳效益。

（二）更新观念，实现三个转变

生态市的建设，必须正确认识和处理人与自然的辩证关系，摒弃高投入、高消耗、高污染、低效益的外延性的经济增长模式，实施城市可持续发展战略，实现三个转变：一是人对自然的统治关系转变为和谐统一的共生关系；二是向自然单纯的索取转变为补偿与索取相结合；三是统一人对自然的权利和任务，包括利用自然，也包括保护自然。只有实现三个转变，才能使城市有限的资源得到充分的利用和保护。

（三）创新技术，使经济发展与生态环境相协调

建设生态城市，必须进行技术创新。运用现代的生态技术，优化产业结构，并建立生态化产业体系，从而使城市经济发展向"生态化"方向转变，以实现城市生态系统的供需平衡，使自然生态环境的生产能力、自我恢复能力和补偿能力始终保持较高的水平，实现经济、资源、环境协调发展。

（四）不断完善城市基础设施，加强城市园林绿化建设

生态市的建设必须重视对城市基础设施的完善。要把城市的能源系统、污染处理系统、食物供应系统结合起来，从而使完善的基础设施能够修复经济发展对环境的破坏。同时，要加强城市园林绿化建设。首先应遵循生态原则。从最大限度地改善城市生态环境出发，因地制宜，选择绿化树种、灌木的搭配及花卉的点缀等；其次是遵循文化原则。充分考虑

不同城市的文化特点、历史脉络、地域风俗，并将其融入园林绿化之中，使城市园林绿化向着充满人文内涵品位的方向发展。

（五）运用法规体系，强化公民和政府的环保意识

生态城市应该有高度的生态文明，树立生态文明观。一要靠教育；二要靠法制。通过教育、宣传，使环境保护这项基本国策家喻户晓、人人皆知，对严重破坏生态环境的行为要给予法律制裁。只有全民的环境保护意识得以形成并强化，生态城市建设才会发展，整个国家的生态环境才能得到改善。同时，必须加强政府决策者的环保意识，只有决策者的环保意识提高了，才能有效完成对生态环境的宏观保护，使生态城市建设的目标落到实处。

（六）结合锦州市现状，目前应着重做好以下工作

1. 领导要重视

生态建设不只是环保一个部门的工作，还涉及住建、林业、水务、农业、旅游、发改、财政、凌河管理等多个部门，必须由市政府主导，市领导亲自挂帅，才能完成任务。

2. 投入要加大

生态市建设，不仅是发展观的转变，更是需要动用真金白银。以前只是要战胜自然，只顾向大自然索取，造成了对大自然的破坏，形成了对大自然历史欠账太多。另外，要尽早建立市级生态补偿机制。

3. 城乡要同步

生态建设的主战场还是在农村，农村环境建设相对落后，必须开展环境优美乡村（生态乡村）建设。

4. 工程抓重点

目前最迫切，也是最重要的工程如节能减排工程、青山工程、碧海工程、大小凌河生态治理工程和保护区、风景名胜区生态建设等工程，是当前生态市建设的重点工作，是生态市建设的基础工作。

锦州生态市建设有扎实的经济基础、良好的生态环境、较高的民众生态意识，通过全市人民的共同努力，克服困难，积极努力奋斗，2015年生态市建设目标可以部分实现，到2020年，力争建成生态文明城市。

浅谈台州市以环保公安联动执法工作
推进生态环保工作情况

浙江省台州市环境保护局　王健文

摘　要： 生态环境保护是一项长期而艰巨的战略任务，环保公安联动执法是最为强力有效的手段之一。近年来，台州市积极开展一系列环保公安联动执法行动，取得较好的成效，同时也认真总结现阶段工作中存在的问题，提出加强环保公安联动执法的建议对策。

关键词： 台州市　环保公安　联动执法

　　生态环境是人类生存和发展的基本条件，关系到社会和经济的持续发展。生态环境保护是一项惠及子孙的伟大工程，搞好生态环境保护是社会经济健康持续发展的必要条件。改革开放以来，台州市深入贯彻落实科学发展观，积极探索可持续发展道路，深入实施生态市战略，市委作出了《关于推进生态文明建设的决定》，要求加强检察司法工作，依法严厉查处破坏生态、污染环境的案件，进一步加强生态环境执法能力建设，不断提高执法水平，提高企业环境违法成本，倒逼经济发展方式转变，打造生态宜居家园。为此，2012年以来，台州市积极探索环保公安联动执法工作，全面推进环境执法联动协作机制建设，严厉打击各类环境违法犯罪行为，有效维护环境安全和公众环境权益，取得了明显的成效。截至 2014 年 9 月底，全市环保部门与公安机关密切配合，开展了一系列联动执法行动，共计 475 次，环保部门移送公安机关治安案件 154 件，行政拘留 251 人，刑事案件 110 起，被采取刑事强制措施 230 人，其中刑事拘留 181 人，目前已被起诉 146 人。联动执法工作力度位居全省前列，环保公安联动执法，已然成为台州市推进生态文明建设最强有力的保障之一。

一、环保公安联动执法的重要意义

　　近年来，随着生态文明建设的持续推进和环境执法监管力度的不断加大，台州市各类突出环境违法问题得到有效遏制，但由于历史原因、产业结构及企业受利益驱动等各种因素影响，各类环境违法行为仍时有发生，个别企业还存在抗法、逃避环境执法等情况，特别是 2011 年发生路桥血铅超标事件以来，因涉重行业污染环境引发的涉稳事件，给和谐社会和生态文明建设造成了很大负面影响。与此同时，由于"先天不足"，长期以来的环境执法存在法律"软"、权力"小"、手段"弱"的窘境，环境执法难查处、难执行、难到位现象普遍，急需联合执法打破壁垒与困境。加强环保公安联动执法工作，能够有效实现环境行政执法与刑事司法衔接，有利于增强环境执法刚性，促进环境执法和惩处方式转变，严厉打击各类环境违法犯罪行为，为完善环境保护监管机制，维护公众环境权益，深入推进生态文明建设提供强有力的司法保障。

二、台州市环保公安联动执法开展情况

（一）领导高度重视，部署联动执法行动

近年来，环保问题成为媒体和公众关注的焦点，也成为舆论热点。环保领域的违法犯罪活动逐渐引起党委、政府的高度关注。为严厉打击环境污染违法犯罪行为，切实维护环境安全，保障社会和谐稳定，台州市委、市政府关注民生、响应民意，高度重视环保公安联动工作部署。2012 年 7 月 11 日，台州市人民政府召开了全市环保公安环境执法联动工作会议暨联合执法月启动仪式，就联合执法工作进行了动员，举行了台州市公安局驻台州市环保局工作联络室授牌仪式，标志着我市环保公安联合执法行动正式拉开帷幕。随后，市环保局、市公安局下发了《关于开展 2012 年台州市环保公安联合执法行动月工作的通知》，各地政府也相继出台了联合执法行动月方案，开展了联合执法行动并设立了工作联络室。

2013 年 6 月，"两高"出台《关于办理环境污染刑事案件适用法律若干问题的解释》，为查处环境污染犯罪行为提供了坚实的法律保障，环境污染犯罪行为成为人人喊打的"过街老鼠"。为进一步推动台州市环保公安联动执法工作，加大环境违法刑事责任追究力度，杜绝环境违法行为"打而不死、打而不绝"的现象，维护生态环境安全，12 月 17 日，台州市人民政府组织召开了全市环保公安联动执法工作会议，对环保公安联动执法行动作了工作部署，决定开展为期 4 个月的环保公安联动执法行动，要求各级各部门加大对非法电镀、非法表面处理、非法熔炉、非法拆解、非法转移处置危险废物、露天焚烧、利用暗管偷排或直排废水等违法犯罪行为打击力度，努力查处一批环境违法案件，关停一批污染严重企业，惩处一批环境违法单位和个人，台州市公安环保工作开始推向深入。2014 年 1 月 21 日，台州市人民政府办公室转发了市环保局、市公安局制订的《关于开展台州市环保公安联动执法行动的通知》（台政办函[2014]4 号），形成全市上下共同参与联动执法的强大声势。

（二）不断创新机制，理顺部门联动关系

2012 年 6 月 26 日，台州市首开全省先河，在市委、市政府的高度重视和全力促成下，台州市纪检、监察、法院、检察院、公安、工商、环保等七部门联合发布《关于建立台州市环境执法联动协作机制的意见》（台环保[2012]87 号），形成案件调查、移送、起诉、执行"一条龙"，并通过开展环境联动执法月行动，建立联席会议、重大环境违法犯罪案件处置会商、驻环保工作联络室等制度，使多部门联合执法常态化、制度化，改变了环保部门"单枪匹马""单打独斗"的尴尬历史，变成行政司法多方联动，各部门通力协作的"组合拳模式"，公安机关在环保部门设立驻环保工作联络室，使环境违法案件的移送查处工

作实现无缝衔接，积极推动环境执法联动机制有效落实。

为了进一步加强部门联动，台州市级层面起草了多项工作制度，如台州市中级人民法院、台州市人民检察院、台州市公安局、台州市环保局联合发布《关于在治理环境违法犯罪工作中加强协作配合的若干意见》，以及《台州市环境保护局涉嫌环境污染违法犯罪案件办理工作规则》《环保、公安、检察院、法院等四部门关于涉嫌环境违法犯罪案件办理的实施意见》等已在征求意见。在执法过程中的具体操作问题也通过多轮多部门座谈协商也已经予以明确，比如对重金属污染物超标 3 倍以上、硫酸和盐酸等易制毒物品未经审批擅自购买使用等违法案件的办理，已基本对法律适用、证据采用、办案流程等问题达成一致，对非法冶炼、露天焚烧、场外拆解等问题的查处，部分县市区已先行一步，做出了有益尝试。各县市区联动执法也是有序推进，亮点纷呈，路桥区出台《关于进一步健全环保、公安机关联合执法机制的通知》，以文件形式明确联合执法的种类，程序，以及案件移送内容，并实行有奖举报制度，出台了《关于实行环境污染有奖举报制度的通知》和《路桥区环境污染违法行为举报奖励暂行办法》。玉环县实现联动执法标准化，邀请县法制办、县政法委、县公安局、县法院、县检察院相关人员召开联席会议，确定了《环境违法行为认定的类别范围》，对目录范围内的违法行为，环保公安第一时间介入调查取证，从严从快处理。集聚区环保分局多次与台州市公安局开发区分局座谈，充分协商后联合下发了《关于加强对环境违法案件调查处理的意见（试行）》，进一步明确了工作重点、移送依据、移送程序、移送材料及工作职责。

（三）搭建联动平台，强化执法联动合力

2012 年各地成立了公安驻环保工作联络室，部分县市区还成立了公安驻环保警务室。目前全市各地建立 7 家公安驻环保联络室，常驻环保部门的公安人员达 17 人。2013 年 12 月全市环保公安联动执法会议，已明确在市公安局成立环境警察机构，专门负责与环保部门沟通联络，打击环境违法犯罪行为。2014 年 1 月路桥区率先在区公安分局治安大队设立环保查处中队，主动出击查处环境犯罪案件，也为环保部门日常执法提供保障。其余各县市区也确定了专职联络员，专职机构也在构建中。同时明确各地公安派出所和环保中队的分管领导和联络员，全面开展环保公安联动执法行动。为了实现日常执法常态化，路桥、玉环等地已实行 24 小时值班"出警"制度，通过 110 平台，实现了一线基层执法与公安派出所直接对接，努力做到无缝化环境应急管理。台州市本级、路桥、温岭等地还出台了有奖举报制度，充分调动广大人民群众的积极性，形成全社会共同监督、共同参与、共同打击的良好氛围。

此外，台州市以各类专项行动为手段扎实推进环保公安联动执法工作。如椒江市环保分局联合公安机关开展了"腊月清污专项行动""利剑斩污""清水治污"等一系列专项行动，打击了一部分环境犯罪行为，并且查处全市首例环境污染网上追逃案件，对环境违法犯罪分子形成了巨大的威慑作用；温岭市环保公安部门实施了"霹雳行动"利用凌晨、节假日等时段查处违法排污行为。台州市本级则开展了"夜袭"环保专项行动，以及联合黄岩、临海环保、公安部门实施了市县两级跨界环保公安联合执法行动，一举取缔了群众反响强烈的非法电镀、酸洗加工点。

（四）采取综合措施，形成高压执法态势

2014 年以来，省委、省政府将"五水共治"列入浙江省一号工程，其中治污水更是重中之重。台州市"五水共治"办协调组织环保、公安等相关部门，开展了"斩污除患"雷霆行动和飞行执法行动。为加大环境执法力度，台州市环保公安联动执法明确对非法电镀、非法表面处理（酸洗、磷化、铝氧化、褪金褪银等）、非法熔炼、非法拆解、非法处置危险固废、偷排直排工业有毒废水、露天焚烧等环境违法行为实行"四个一律"：一是对上述违法行为一律予以治安拘留；二是对符合"两高"解释的案件，一律追究刑事责任；三是对上述案件、行为造成严重后果的，一律不予取保候审；四是对上述案件一律在媒体上曝光。通过实行"四个一律"，借助公安机关的强制力，有力威慑环境违法犯罪分子，遏制当前环境违法行为高发态势。

为了进一步推动环保公安联动工作，台州市环保局、公安局已经将环保公安联动情况纳入年度目标责任制考核，市"五水共治"办也将此项内容作为各地治水考核的重要内容。通过考核的导向作用，将责任落实到县市区相关部门、乡镇街道，更能形成部门合力，提高联动执法效能。

三、当前环保公安联动执法存在的问题

全市环保公安联动执法虽然取得较好的成效，但也存在一些问题。

（一）工作力度不一

台州南片的县市区，经济发达，基层环保站、所数量较多，网格化、精细化监管条件较为成熟，联动工作推进力度大，成效明显；相对地，台州北片地区存在行业单一、涉重行业较少或者基本没有，环保公安联动执法积极性有所欠缺，再加上基层环境执法人员相对偏少，执法装备差、执法经费不足，环保公安联动执法只能依靠专项行动突击，达不到常态化执法要求。另外，从外部环境来看，2014 年经济形势不景气，地方保护主义一定程度存在，联动执法遭遇执法压力、阻力问题。

（二）取证难

目前部分环境违法案件的取证工作仍存在困难，特别是部分监测数据提供、认定时间无法满足移送案件的办理时限以及监测结论的有效性之间仍存在一定的冲突，影响环保公安联合执法行动的深入开展。

（三）人员难控制

在实际执法过程中存在人员留置难问题，涉及刑事责任的非法电镀、酸洗等多为非小加工作坊，具有厂房简陋、设备落后、多为外来人口等特点，环保部门对违法当事人的身份信息无法核实、无法律依据也无能力对当事人进行留置或看管，特别是在完成现场勘察和当事人的询问后在等待监测报告出具的空档时间段，难以有效控制违法人员。

四、加强环保公安联动执法的建议对策

（一）加强考核导向作用

除了加强环保部门、公安机关的目标责任考核外，更加重要的是要加强对政府的环保政绩考核，促使各级政府切实加强环境执法工作，对本辖区范围的环境质量负责，使之高度重视环境执法。建立完善政府主要领导干部环境保护实绩考核制度、主要领导干部离任环境保护审计制度，实行环境责任追究制，打破地方保护主义。实行考核一票否决制，对出现重特大污染事故、出台与国家环境法律法规相抵触的"土政策"、引进国家明令禁止的企业，造成严重污染环境的，实行一票否决。

（二）重视证据采集固定

环保公安联动执法必须要建立在依法的基础上开展，环保部门和公安机关要牢固树立证据意识，及时、全面、准确收集涉嫌环境污染犯罪的各类证据。环保部门在执法过程中要及时收集、提取、监测、固定污染物种类、浓度、数量等证据，环境监测报告要做到第一时间送省级环保部门认定，第一时间移交给相应公安机关。公安机关主动查找侦办的环境污染刑事案件，要善于借助环境保护部门的专业知识和技术支持，提高证据的科学性和有效性。

（三）建立健全关键制度

要加快建立联动执法联席会议制度，明确会议参加人、启动时间，解决重大联动事项，必要时可邀请人民检察院、政府法制机构等相关部门共同参加联席会议，充分发挥联席会议的协调指导作用；加快建立完善案件移送机制，规范联动执法程序，明确案件移送的职责、时限、程序和监督等要求，确保有章可循；加快建立重大案件会商和督办制度，对于大案、要案实行联合挂牌督办，确保案件依法处理。

（四）加强执法队伍建设

各级政府要加大环保投入力度，在人员编制、资金上向环保工作倾斜，改变环保执法力量弱、装备差、手段落后的现状，增强执法队伍的执法能力。进一步加强基层环境执法人员培训，提高政治素质和业务素质，使环保执法人员具有相应的执法知识和能力，确保环境执法队伍能力与环保公安联动执法任务相适应，将环保执法队伍打造成一支敢作敢为，敢打硬仗，善啃骨头的强兵、尖兵。

生态环境保护是一项长期而艰巨的战略任务，环保公安联动执法是最为强力有效的手段之一，只要牢固树立以科学发展观为指导，树立生态文明观和正确政绩观，坚守发展的"红线"和保障民生的"底线"，从解决好群众反映强烈的突出问题入手，不断加大执法力度，丰富执法措施，健全各项机制，推进铁腕执法，必将实现"山海秀丽、富裕和谐"的生态台州。

漳州市建设生态文明先行示范区的实践和探索

福建省漳州市环境保护局　于晓岩

摘　要: 环境保护是生态文明建设的主战场，建设生态文明先行示范区是推进环保工作的主抓手。福建省漳州市充分发挥生态优势和国家、省的政策支持优势，率先建设全国生态文明先行示范区，加快推进漳州科学发展跨越发展、增进人民福祉，探索符合漳州市情生态文明建设模式、建设富美漳州。

关键词: 漳州市　生态文明　示范区

漳州市位于福建省最南端，是一座拥有 1 300 多年历史的文化名城，也是海西一座正在崛起的生态工贸港口城市。全市现辖八县二区一市，土地面积 1.29 万 km^2，海域面积 1.86 万 km^2，常住人口 490 万人。漳州生态得天独厚，淡水丰沛，土地肥沃，山清水秀，四时花不谢，八节果飘香，是著名的"鱼米花果之乡"，素有"海滨邹鲁"、"闽南天府"的美誉。漳州市积极率先争创生态文明先行示范区，对于整个福建地区实现科学发展，以点带面推动生态文明建设，具有重要意义。

一、漳州市建设生态文明先行示范区的基础和条件

（一）得天的生态优势是漳州建设生态文明先行示范区的重要基础

2012 年，漳州市委、市政府提出"田园都市、生态之城"的城市发展定位以来，按照"以水为脉、以绿为韵、以文为魂"的城市特色风貌，精心规划建设"一江两溪四岸"滨水景观带、城市内河景观带，加快建设生态公园、森林公园、湿地公园、郊野公园，编制漳州古城规划，改造修缮历史名人古迹、历史文化街区，大幅提升城市价值、品位、内涵。各县（市、区）也同步推进一至三个生态公园建设，通过建设绿色廊道和慢行交通系统，形成互通连接的绿道网络和开敞的绿色空间。现已累计投资 35.53 亿元，基本建成 56 个面积约 848 hm^2 生态公园。同时，结合宜居环境建设、美丽乡村建设、小城镇试点建设，以点带面推进农村环境连片整治，加快农村环境基础设施建设，提高农村生活污水、垃圾处理率，巩固和拓展漳州市生态优势。

（二）独厚的政策优势是漳州建设生态文明先行示范区的重要保障

早在 2000 年，时任福建省长习近平提出了建设生态省的战略构想，强调"任何形式的开发利用都要在保护生态的前提下进行，使八闽大地更加山清水秀，使经济社会在资

源的永续利用中良性发展"。2014 年 3 月，国务院出台《关于支持福建省深入实施生态省战略加快生态文明先行示范区建设的若干意见》，漳州市历届领导都十分重视环境保护工作，注重保护，科学开发，既要金山银山，更要绿水青山。2005 年，漳州在全省率先编制完成《漳州市生态功能区划》，2007 年又实施《漳州生态市建设规划》，2012 年完成《漳州生态市建设规划》（修编）工作，并印发了《漳州生态市建设"十二五"规划任务分工方案》、《漳州市省级生态市创建工作目标任务分解方案》。2014 年 9 月市委第十届八次全会通过《关于进一步加快我市科学发展跨越发展的行动计划》和《漳州市率先建成全国生态文明先行示范区实施方案》，提出以更高的站位、更新的理念、更好的机制、更大的决心、更严的监管推进漳州生态文明建设，这标志着漳州市生态市创建进入全面建设阶段。

（三）深入的持续推进是漳州建设生态文明先行示范区的重要支撑

近年来，漳州市认真落实中央和省委重大战略部署，始终坚持科学发展跨越发展和"百姓富、生态美"的有机统一，扎实推进漳州环境保护与生态建设。在各级各部门的共同努力下，漳州市生态县（市、区）创建持续突破，长泰县、南靖县获"国家生态县"命名，并被环境保护部列入第六批全国生态文明建设试点地区。东山县通过"国家生态县"考核验收，并入选全国首批"国家级海洋生态文明示范区"。其余县（市、区）也均通过省级生态县（市、区）验收和命名。全市还拥有国家级生态乡镇 91 个，省级生态乡镇 112 个，占全市乡镇总数的 96%；市级以上生态村 1 433 个，占全市行政村总数的 86%。2014 年，麦肯锡全球研究院联手哥伦比亚大学和清华大学发布"中国城市可持续发展指数"资源排行榜中，漳州位居全国第三位。起步早、力度大、成效好，漳州市生态市建设的累累硕果为加快生态文明先行示范区建设奠定了良好基础。

二、漳州市建设生态文明先行区的措施和思路

（一）优化空间发展布局

1. 落实主体功能分区

全面落实主体功能分区，加快重点区域开发，用 1%的土地（古雷石化产业基地）实现 50%的产值、用全市 5%的土地（工业开发区）创造 90%以上的工业产值。科学开发限制发展区域、保护禁止发展区域，保护生态安全格局。

2. 建设宜业宜居城乡

加快漳州高新区和厦门港南岸新城核心区规划建设，推进南江滨路、圆山大道、闽南文化生态博览城、闽南文化生态走廊示范段、"五馆一院"、市区内河整治、城区"三边"整治、特色景观廊道等项目建设，加快形成"一江两岸"的城市发展格局，打造"以水为脉、以绿为韵、以文为魂"的城市特色风貌。

3．分类推进新型城镇化

走以人为本、绿色低碳的新型城镇化道路，注重文化传承，延续历史文脉，建设绿色城镇，形成各具特色的城镇化发展模式。积极争取角美镇列入国家新型城镇化试点，加快推进漳浦、东山 2 个省级新型城镇化试点建设，深化推进 13 个小城镇综合改革建设试点，带动培育一批新型城镇。

（二）促进能源资源节约

1．深入推进节能降耗

全面实施能耗强度、碳排放强度和能源消费总量控制，确立煤炭消费总量控制红线。突出抓好工业、建筑、交通运输和公共机构等重点领域节能，实施节能改造、节能技术产业化、合同能源管理等重点工程，大力推广高效节能低碳技术和产品。

2．加快发展循环经济

以发展生态经济、循环经济、低碳经济为重点，促进资源循环利用和产业链延伸，优化经济增长方式。推动创建古雷国家级循环经济示范区，加快云霄节能光电科技产业园、华安玉产业集中区、长泰银塘机电高端装备产业园区等省级循环经济试点建设。积极推广"粮—经—饲"、"牧—沼—果"、"稻—草—鱼"等农业循环经济模式。

3．重视保护矿产资源

大力发展绿色矿业，建设绿色矿山、生态矿山。明确禁止、限制、允许勘察开采的区域和矿种，完善矿山开采补偿机制。禁止勘察开采区除地热、矿泉水外，禁止新设置探矿权和采矿权，已设置探矿权不予转入采矿权，不予办理变更转让初审手续。

（三）保护水环境水资源

1．实行"河长"责任制

建立县（市、区）河长、乡镇河段长负责制，流域内县（市、区）、乡（镇）政府领导分别担任河长、河段长，负责牵头推进辖区流域保护管理工作，以河长目标倒逼责任，以督查倒逼落实，全力保障水环境安全。

2．强化饮用水水源保护

全面实施饮用水水源地保护规划，强化水资源"三条红线"管理，市、县、乡（镇）饮用水水源保护区范围内生活垃圾、污水处理率达 98% 以上，进一步完善饮用水水源的污染来源预警、水质安全应急处理和水厂应急处理"三位一体"的饮用水水源应急保障体系，有效防范饮用水污染事故的发生。

3．加强水土流失治理

抓好南靖、漳浦、诏安等国家级坡耕地水土流失治理试点，加快平和、南靖等国家级水土保持重点治理工程，以及平和、诏安、长泰、华安、南靖等省级重点县水土流失治理。加强矿山生态环境恢复治理，进一步整顿规范矿产资源开发秩序，巩固"青山挂白"治理成果。

（四）加强"五海"资源保护

1．加强海岸与滨海湿地保护

将岸线资源划分重点开发、适度开发、预留开发三类进管理，集约开发岸线资源，除关系国计民生大型项目和重大基础设施项目外，岸线资源不允许私人占有，不允许单个项目占用。规划建设滨海湿地公园，提高滨海湿地植被覆盖率，改善滨海湿地生态环境。

2．加强滨海沙滩资源保护

实施"碧海银滩"工程，制定沙滩保护管理办法，实施沙滩红线管控制度，实行沙滩分类管理，保证岸线向陆域一侧一定范围内禁止开展可能改变或影响沙滩自然属性的开发建设活动。抓好东山乌礁湾和马銮湾、龙海隆教湾、漳浦浮头湾、诏安大埕湾等重点沙滩生态修复与整治。

3．加强海水污染监督管理

加大"两江两溪"主要入海河流污染治理和沿海污染面源治理力度，推广实施入海污染物排海总量控制制度。加强对涉海工程的监督，加强先围后填、生态损害补偿和海洋环境跟踪监测等海洋环保措施落实的监管。

4．加强海岛资源开发保护

实行海岛功能区划制度，推行区别化管理。积极探索海岛生态—经济—社会协调发展新模式，加强海岛开发与利用的保护。以无居民海岛为核心地带，在东门屿、林进屿、南碇岛等无居民海岛创建一批国家级海洋公园。

5．加强海湾生态环境保护

加大对隆教湾、佛昙湾、漳江口湾、东山湾、诏安湾等重点海湾环境整治力度，推进八尺门退堤还海工程。稳步推进浅海养殖退养工作，推进东山海洋生态文明示范区建设。

（五）加大生态保护力度

1．打造闽南文化生态走廊

整合提升 324 国道沿线闽南文化风情、山水生态环境、农林花卉资源、区域交通优势、乡村民俗传统要素，打造成为国家现代花卉产业的发展高地、海峡经贸产业协作的黄金链条、闽南生态文化旅游的风景画廊、漳州"田园都市、富美乡村"的示范纽带。

2．强化生态功能区划管理

优化区域生态安全格局，构筑以九龙江水系、沿海重要绿化带和北部连绵山体为主要框架的区域生态安全体系。划定生态保护红线，强化对自然保护区、生物多样性丰富区、重要湿地、重要饮用水水源保护区、水源涵养区、水土流失重点预防区、水产种质资源保护区等重点生态功能区和生态环境敏感区域、生态脆弱区域的保护。

3．加强生态保护修复

加快建立完善南靖虎伯寮、云霄漳江口红树林、龙海九龙江口红树林、东山珊瑚等国家级、省级自然保护区群网，重点实施对江河源头森林植被、典型生态系统、野生动植物天然集中分布区等关键区域的植被恢复和抢救性保护，增强生态系统的稳定性。加强漳江口、九龙江口等河口湿地的保护和修复，维护天然湿地的重要生态功能。加大生物多样性保护力度，加强对外来入侵物种的防控。

4．实施造林绿化工程

全力实施沿海防护林、城市森林、郊野公园、湿地公园、森林公园和文化生态走廊等六大工程。大力开展植树造林，积极推进村旁、宅旁、水旁、路旁和宜林荒山荒地、国省道、铁路等交通干线两侧及一重山造林绿化，开展主要江河干流、一级支流两侧及水库周围一重山的造林、补植，推进沿海基干林带断带修复补齐和更新改造，增强森林生态功能。到2015年城市、县城建成区绿化覆盖率分别达40%、35%以上。

（六）加强环境保护监管

1．抓好环境综合治理

加快近岸海域、城市内河环境整治。抓好畜禽养殖业等农业面源污染、石板材业污染防治。加快工业园区污水集中处理，推进皮革、造纸、印染、电镀等行业工业废水深度治理。完善城镇污水、垃圾处理设施，提高再生水回用和污泥安全处理处置水平。

2．抓好大气污染防治

实施集中供热、"煤改气""煤改电"等清洁能源替代，淘汰分散型工业燃煤炉窑和城市燃烧小锅炉；加快火电、钢铁、建材等重点行业烟气脱硫、脱硝和除尘设施建设；强化挥发性有机物治理；加强城市道路、施工、堆场等扬尘综合治理，严格餐饮业油烟污染治理，严禁垃圾露天焚烧，进一步提高城市环境空气质量。

3．抓好环境保护监管

严格执行环境影响评价和海洋环境影响评价制度，实施企事业单位污染物排放总量控制制度。完善水、大气、土壤、海洋等环境监测网络，加强重点污染源在线监控设施建设。加强对危险化学品、放射源安全监管，推进环境风险源评估和分级分类管理，强化危险化学品重大危险源监控和事故应急预警处置。严格海洋倾废、船舶排污监管。

（七）加强生态文化建设

1．着力弘扬生态理念

将生态文明内容纳入国民教育体系和干部培训机构教育计划。广泛宣传生态文明理念，大力倡导生态伦理道德，通过树立尊重自然、顺应自然、保护自然的理念，积极推行绿色采购制度，引导无污染、少污染的绿色生产；倡导绿色消费，追求崇尚简朴的文明生活；提倡节能减排、勤俭节约的低碳生活，营造推进生态文明建设浓厚氛围。

2．着力建设生态文化

充分利用漳州丰富的生态资源和人文资源，促进文化与旅游相结合，以生态文化推动生态经济发展。依托世界遗产、森林公园、地质公园、自然保护区、风景名胜区、湿地公园等，加快建设滨海火山国家地质公园、长泰天柱山、诏安城洲岛等一批生态文明宣传教育示范基地。依托森林文化、海洋文化和海丝文化、乡土文化、水仙花文化、茶文化等，创作一批优秀生态文化作品。

3．着力推进公众参与

公众参与是解决环境问题的重要途径。要建立健全环保社会监督员制度，实施企业环境违法有奖举报制度，扩大公众参与渠道。要及时公开环境保护有关信息，曝光违法排污的企业，切实保障公众的知情权、参与权、监督权，促进公众依法、理性地参与推动生态保护与建设工作。

（八）建立生态文明制度

1．健全资源有偿使用制度

推进排污权有偿使用和交易工作，加快造纸、水泥、皮革、合成革与人造革、建筑陶瓷、火电、合成氨、平板玻璃等八个行业试点工作。积极开展节能量、水权交易试点，探索开展碳排放权交易，推行环境污染第三方治理。完善用电、用水、用气阶梯价格制度，健全污水、垃圾处理和排污收费制度。

2．健全生态补偿机制

健全对限制开发、禁止开发区域的生态保护财力支持机制。建立有效调节工业用地和居住用地合理比价机制。完善流域、森林生态补偿机制，研究建立湿地、海洋、水土保持等生态补偿机制。完善海域、岸线和无居民海岛有偿使用制度。

3. 健全协同推进机制

尽早批准实施市发改委牵头制定的《漳州市率先建成全国生态文明先行示范区实施方案》，进一步完善生态文明建设综合协调、资金投入、监督考核机制，以生态文化建设为支撑、绿色循环低碳发展为途径、体制机制创新为动力，加快建设富美漳州，努力构建资源节约、环境友好、发展低碳的美丽空间、产业结构、生产方式、生活方式，率先建成全国生态文明先行示范区。

南昌市环保局生态文明体制改革的思考和探索

江西省南昌市环境保护局　邹国星

摘　要: 党的十八届三中全会提出,紧紧围绕建设美丽中国深化生态文明体制改革,健全生态环境保护的体制机制,坚决破除各方面体制机制弊端。南昌市环保局明确思路,结合实际,紧扣建设全省空气质量综合整治先行区、全省生态文明建设示范区和全国重要的宜居都市(简称"两区一市")三大目标,建立和完善部门联动机制、环保考核机制和内部运行机制,积极开展"十加一"实践。

关键词: 南昌市　生态文明体制　改革　实践

《中共中央关于全面深化改革若干重大问题的决定》对生态文明体制改革进行了首次顶层设计,这是环境保护领域生态文明改革的总依据和总方向。如何在生态文明体制改革过程中有所作为、善有作为,把全面深化生态文明体制改革的部署变为美丽南昌、花园南昌的生动实践,这是南昌市环保局需要面对的重大实践课题。一年来,我们做了如下思考和探索。

一、生态文明体制改革的主要方向

《中共中央关于全面深化改革若干重大问题的决定》(以下简称《决定》),就生态文明体制改革,作了系统完整的阐述,体现了以下三个特点,也是今后生态文明体制改革的方向。

(一)体现了发挥市场、政府、公众三个主体作用的统一

《决定》提出"加快自然资源及其产品价格改革,全面反映市场供求、资源稀缺程度、生态环境损害成本和修复效益。"突出了发挥市场作用,实行资源有偿使用的导向。《决定》首次将"环境保护"纳入地方政府的主要职责之中,保留了关系生态安全的项目审批,并要求及时公布环境信息,健全举报制度,体现了加强社会监督和加强政府监管的改革用意。

(二)体现了加强改革系统性、整体性、协同性三种特性的统一

接下来的生态文明体制改革涉及深层次矛盾和问题,涉及利益格局的调整。《决定》从资产运营、资本投资、市场准入、考核评价、财税制度、自由贸易区建设等多个方面,全方位、立体式、综合性地推进生态文明建设,更加突出了改革的整体性、全面性和协同性。

（三）体现了健全源头、过程、后果三个严管环节的统一

《决定》提出"建立国土空间开发保护制度"，"实行企事业单位污染物排放总量控制，严格监管所有污染物排放"，"对领导干部实行自然资源资产离任审计。建立生态环境损害责任终身追究制"。《决定》从规划管制、环境决策、项目审批、污染物排放、功能调整、责任追究和赔偿等环节，对生态建设和环境保护进行了全过程、全方位的规范和约束，环节紧紧相扣，过程无缝对接，堵塞了漏洞，杜绝了盲区。

二、南昌市环保局推进生态文明体制改革的主要思路

一年来，南昌市环保局根据《决定》精神，结合南昌实际，大力推进生态文明体制改革。目前，南昌市环保市场如排污权交易、碳交易、环境污染治理专业服务、第三方治理等正在积极探索之中，南昌市麦园垃圾发电厂碳交易项目已经有效实施。

在推进具体改革事项的过程中，南昌市环保局紧扣建设全省空气质量综合整治先行区、全省生态文明建设示范区和全国重要的宜居都市（简称"两区一市"）三大目标，深入开展"蓝天、清流和净土"三项行动，着力建立和完善部门联动机制、环保考核机制和内部运行机制三项机制，以发挥各方主体作用和整体合力，用机制体制保证三项行动的顺利推进和三大目标的顺利实现。

（一）建立领导重视、部门履职、媒体监督、社会参与的部门联动机制

1．领导重视

我们讲的领导重视，就是要争取领导对具体工作的重视，让领导来关心、重视、支持我们的每项具体工作，比如创办专项工作专报，建立向领导及时汇报工作的绿色通道等。

2．部门履职

把专项整治所有工作按照职能分解到相关市直部门和县区、开发区（新区），并及时对各部门履职情况进行督查，将督查情况如实编发专报报市四大家主要领导和分管领导。

3．媒体监督

主动邀请媒体全过程介入专项整治，一方面，让媒体及时报道相关部门、县区、开发区（新区）履职措施及效果，进行正面鼓励；另一方面，请媒体对个别不积极履职或履职效果不达标的进行及时曝光，对他们进行监督和鞭策。

4．社会参与

充分发挥环保监督员的监督作用，鼓励社会对环境整治和生态保护不作为、乱作为的人和事，向媒体举报。充分借助领导重视、媒体监督、社会参与三股力量来督促包括环保局在内的所有相关市直部门、县区、开发区（新区）认真履职、主动履职、高效履职。

（二）建立公平、公正、公开的环保考核机制

加强对日常环保工作跟踪考核，既重结果考核，也重过程考核，将考核纳入全过程管理，并及时通报，公平奖惩，激励和督促所有相关部门和县区、开发区（新区）主动履职、认真履职、高效履职，从而形成做好环保工作的强大合力。考核内容上，将三项行动、污染减排、环保应急处理和日常环保工作等纳入环保工作考核体系；考核方法上，制定具体的考核细则，包括评分标准、考核流程等，做到公平、公正、公开，用制度激励先进、树立典型、形成合力。

（三）建立"实在、实干、实绩"的内部运行机制

1. 建立健全鼓励"实在、实干、实绩"的制度

制定制度的理念思路必须务实，制度的内容和操作性必须务实，推动制度落实的措施和方法必须务实。要明确目标、明确措施、明确责任主体，按照"三定"方案职责分工和全局工作需要，使每项工作做到事前知道由谁做，事中知道怎么做，事后知道是谁做，防止推诿扯皮，揽功推过。

2. 营造"实在、实干、实绩"的大氛围

（1）实在就是做人要实在。

①怎么想怎么说。坚持坦然、坦荡、坦诚待人，坚持心声一致，是怎么想就怎么说，绝不口是心非，阳奉阴违。

②是什么说什么。坚持把客观事实作为唯一依据，是一说一、是二说二，是对说对、是错说错。

③说什么做什么。坚持谨慎表态，认真承诺，有诺必践。

④做什么担什么。自己说的，自己做的，无论多么严重的后果，都勇于担当，绝不推卸责任。

（2）实干就是理念上要实干、思路上要实干、措施上要实干。

①我局主要负责人多次强调，工作上的支持是最大的支持，是最真诚的支持，一定支持全体干部职工做事，并请全局上下进行监督。

②班子成员谁想做事、谁认真做事、谁做成了事，而且又好共事、不出事，就首先信任谁做事、支持谁做事，都做好了，就都信任都支持。

③工作涉及跨部门的，必须紧密配合，如果该牵头的不牵头，对相关部门主要负责人就视为失职或者视为自动辞职，该配合的不配合，责任则由配合部门承担。

实绩就是用事实说话，用业绩说话。有量化的要努力完成和超额完成指标任务，有评比的要努力拿到先进，有比较的要努力争取多数人的认可，有利益的要努力给大家带来更多的实惠。

3. 形成"实在、实干、实绩"的用人导向

坚持以工作论英雄，以作为求地位。把"实在、实干、实绩"作为考察、评价、使用干部的重要依据，让想干事的人有平台，干成事的人有地位，让投机取巧的人没机会，调皮捣蛋的人没好处。

三、南昌市环保局推进生态文明体制改革的主要实践

为体现和验证这三项机制的效力，在保证日常工作有序高效运行的基础上，南昌市环保局党组确立了"十加一"的工作重点。

（一）"十"的含义

1. 开展建筑扬尘专项整治

2013 年 4 月 28 日全面启动，至 9 月 30 日，已通过电脑选号随机监测 17 次，监督和监测建筑工地 170 个，新闻媒体全程进行了跟踪曝光；编发专刊 22 期，及时报送市委、市政府、市人大、市政协主要领导和分管领导，各县区、开发区（新区）、市直有关部门主要领导和分管领导，对责任部门建筑工地扬尘污染防治工作进行季度考核。2013 年工地扬尘达标率为零，2014 年达标率上升到 68%。

2. 开展汽车尾气污染专项整治

一是从 2014 年 10 月 1 日起，新车或转入二手车由国Ⅲ提高到国Ⅳ标准。二是扩大黄标车限行区域，由 2013 年的 15 km² 扩大到 2014 年的 70 km²。三是协调提高汽车尾气污染检测水准。

3. 推进新禁燃区锅炉拆改

与市工信委、市质监局联合下发《关于下达 2014 年淘汰改造新扩禁燃区内高污染燃料锅炉任务的通知》，禁燃区面积由 169 km² 扩大到 195 km²，目前 18 家企业的 30 台高污染燃料锅炉已完成拆除或改用清洁能源，占总量的 65%。

4. 推进进贤文港镇重金属集控区建设

电镀废水处理回收应用中心的污水处理设备全部安装到位；第一期 4 栋标准厂房全部完工，已与 9 家企业签订了入驻合同，6 家企业正式入驻；进贤县文港镇污水处理站下游 260 亩农田土壤、该地电镀企业生产车间和铬渣堆放场 13 570 m² 土壤修复正在编制工作方案；环境监管能力建设项目设备已陆续到位，正在安装调试。

5. 对城市污水处理厂及配套管网进行整改

对 12 家已建成、3 家在建污水处理厂逐一进行了现场调研，对发现的问题提出了整改

建议，形成了调研报告分别呈报市委、市政府主要领导和分管领导。市领导对此事非常重视，郭安市长和刘家富副市长两次对污水处理厂建设运行和污染减排工作进行了调度，从 8 月起我局会同市政府督查室，对该项工作以及全市减排工作每月进行一次督查，督查结果报市委、市政府、市人大、市政协、省环保厅主要领导和分管领导。

6. 加强军山湖水质保护

2014 年每月监测站一监测，监察支队一监察，每季一现场调研并形成专题调研报告。9 个监测点由 2014 年 1 月第一次检测的 7 个Ⅳ类、1 个Ⅲ类和 1 个Ⅴ类，到 2014 年 9 月的 7 个Ⅲ类、2 个Ⅱ类。

7. 制定空气重污染日考核办法

印发了《南昌市空气重污染日应急工作考核办法》，明确了 12 个市直单位，各县区政府、开发（新）区管委会空气重污染日期间履职要求和不同预警级别的考核内容。

8. 开展土壤调查

对南昌市典型土壤开展专项调查，目前正在有序推进。

9. 加强昌九大气污染联防联控

2014 年 7 月 1 日省政府已正式印发了《南昌、九江区域大气污染联防联控规划》，9 月 12 日市政府常务会研究通过了《南昌市落实昌九区域大气污染联防联控规划实施方案》。

10. 建立县区空气自动监测站

已对 9 个县区监测站建设点位进行了技术论证并初步确定了站点选址，市财政配套 350 万元，2014 年 10 月 9 日市政府进行了专题调度，将于 2015 年 2 月底前建成运行，2015 年 5 月完成验收。

（二）"一"是彻底理顺各处室和局下属单位工作职能和运行模式

使每项工作都做到：事前知道由谁做，事中知道怎么做，事后知道是谁做。已印发《关于进一步理顺工作职能的通知》，理顺了全局系统 40 项工作职能交叉事项。

南昌市环保局推进生态文明体制改革的具体实践，已取得初步成效。目前南昌市环境质量总体保持稳定，环境空气质量得到明显改善。2014 年 1—8 月，南昌市空气质量达标天数为 201 天，达标率为 82.7%，比 2013 年同期上升 19.8 个百分点。空气质量综合指数在第一批实施空气质量新标准 74 个城市排名，与 2013 年同期相比前移了 16 位列全国第 21 名，其中 2 月份和 3 月份分别排名第六和第八，与 2013 年同期相比分别前移了 35 位和 49 位，首次跻身全国前 10 名行列，并连续 8 个月在中部省会城市排名第一；全市饮用水水源地水质达标率稳定为 100%，全市主要河流水质达标率为 92.9%，高于全省平均水平 10.8 个百分点。功能区噪声昼间达标为 100%，夜间达标率为 75%。

当前农村环境执法面临的困境及对策

湖北省襄阳市环境保护局　何爱群

摘　要： 加强农村环境执法工作是推进农村生态文明建设的重要保障。当前农村环境执法工作存在着监管范围点多面广难以实现全覆盖，监管机制不全难以形成合力，监管能力不足难以适应形势需要等困境和问题。本文提出：基层党委、政府要重视农村环境执法工作，着力加强农村环境执法机构设置，加强执法队伍能力建设，加强环保及相关部门工作协作配合机制建设，推进美丽乡村建设。

关键词： 农村环境　执法　困境及对策

我国绝大部分国土面积在农村，欲建设美丽中国，必须建设美丽乡村。没有广大农村的美，就不可能有名副其实的中国美。当前，农村环境问题日益突出，面源污染与点源污染共存，生活污染和工业污染交织，工业和城市污染向农村转移，危害群众健康和社会稳定，已经成为我国经济社会发展的一块短板，成为生态文明建设和建设美丽中国的薄弱环节。造成这一状况的因素很多，而农村环境执法工作薄弱是其重要原因之一。本文结合基层实践，谈谈当前农村环境执法工作面临的困境和问题，并提出相应的对策和建议。

一、困境和问题

我国的环境执法工作一直存在着重城市轻农村、先城市后农村的"传统"，农村环境执法工作原本就存在着先天不足的缺陷，而随着形势的变化发展，现在面临着更多的困惑和问题。具体表现为"五难"：

（一）点多面广，难以做到监管全覆盖

与城区环境执法重在污染源点位监管不同，乡镇及广大农村都是面源监管范围，地域广阔，但是其污染来源（化肥、农药等）又是环保部门无法具体监控的。同时，农村一些小规模工矿企业及畜禽养殖场污染点源往往数量众多，但地域分布又过于分散。在当前执法力量配备现状下，不可能对这些监管对象实现全方位全过程监控，绝大部分地方仍处于监管空白区域。

（二）机制不全，难以适应形势新挑战

现行环保法律要求环保部门对环境保护工作实施统一监督管理，相关部门在各自职责范围内对环保工作实施监督管理职责。这种规定一是容易模糊职责界限，使部门之间互相

推诿；二是容易使这些"相关部门"认为环境保护就是环保部门的事，不是自己的主业，自己做好了是在为环保部门打工，做不好也无所谓。在工作实践中经常出现环保部门单打独斗，相关部门配合不积极、不主动、不到位的现象，难以从根本上遏制和解决相关环境问题。这些弊端越到基层越突出，在农村环境执法中表现尤为明显。比如，对近年来日益突出的秸秆焚烧问题，本身应当坚持"疏堵结合，综合治理"的方针予以整治，但是由于是环境保护部常常在通报相关"火点"情况，使得一些基层政府、农业、公安、交通等部门往往将此事往环保部门一推了之，而环保部门自身却又孤掌难鸣，难以从根本上杜绝这类问题。同样，关于乡镇及农村生活垃圾及污水集中处理问题，涉及基层政府、住建、城管、环卫等相关部门，这些部门也常将工作推向环保部门，基层环保部门常常为具体事情多方协调难以形成整治合力。

（三）能力不足，难以满足工作新要求

由于受机构编制限制，当前我国 4 万多乡镇中，绝大多数没有环保机构或环保人员，更没有专业环境执法队伍。广大农村环境执法主要依靠县级执法力量。而当前县级环境执法队伍的现状本身就是普遍数量不足，城区尚难从容应对，农村更是无暇兼顾。同时，这些力量有限的执法队伍，也大多存在年龄老化、专业结构不合理等问题。此外，现有的监测技术力量和装备保障都不能满足快速、准确查处环境案件及投诉的需要。还以秸秆焚烧问题为例，农民常常在田间放一把火就走人，等县城环保执法人员接报赶到现场，常常时过境迁，无法取证，无法处罚，有时连当事人的情况都无法查清。

（四）诉求纷繁，难以平衡各方利益冲突

当前，随着民众环境意识的觉醒，关于环境的诉求越来越多、越来越敏感。同时，群众对环境权益的要求又是具体的、多元的。也许环保部门做了很多工作，但是仍然会有一些群众认为自己的诉求没有得到满意解决，在现阶段和某些特定区域，群众对环保工作的满意度可能不高。比如，由于历史原因，一些位于城郊结合部或者乡镇的工业园区规划滞后，居民搬迁未落实，不少居民区与工厂混杂，只要企业一生产，往往就有群众投诉。如果企业属达标排放，则往往形成"群众诉求合理，企业生产合法"的局面，环保部门常常左右为难，而依靠自身力量又难以从根本上化解这类矛盾。在园区或工厂、养殖场附近，还经常因污染造成农作物损失而发生纠纷，但是关于农作物损害原因、损害程度定性、定量鉴定分析尚缺乏规范统一的鉴定标准，法定的权威鉴定机构也不足，导致这些纠纷难以快速、公正、合理地解决。而这些矛盾，如果不能妥善解决，可能引起舆论炒作，引发群体性事件，甚至影响社会稳定，环保部门压力很大。

（五）权小责大，难以调动一线执法人员工作热情

近年来，环境执法队伍机构及人员没有大的变化，但执法形势发生了天翻地覆的变化。环境执法基本上是以老机制应对新形势，以老队伍迎接新挑战。城区问题还没有解决，农村问题又扑面而来。尤其是面对农村执法，一是距离远，有时鞭长莫及；二是少配合，多数时候单打独斗；三是责任大，平均一名监察人员要负责半个至一个乡镇的辖区面积，很

多时候只能当救火队员，没有时间和精力做好基础防控工作，导致有些地方尤其是城郊结合部的环境问题和环境投诉层出不穷。在这种情况下，一方面，基层一线执法人员非常辛苦，常常东奔西跑，南征北战；另一方面，却并不能保证不出疏漏，不知什么时候某个风险点失控发生问题，或某个信访投诉没有达到当事人满意而自己被投诉。同时，大多数地方越到基层，工资待遇、经费保障、物资装备越差。与此同时，现在群众对环境执法的要求越来越高，纪检监察部门追责越来越严，稍不注意甚至有被追究刑事责任的风险。由此，基层一线执法人员常常身心疲惫，缺乏职业认同感，更谈不上职业自豪感，工作缺乏激情，多是被动应对，不是一个可持续发展的状态。

二、对策和建议

正是由于存在上述困境和问题，加强和改进农村环境执法工作就不是简单地要求"加大执法力度、严肃查处违法"能够解决。要结合农村执法工作的现状，从实际出发，加强针对性，多管齐下，综合施治，切实加强和改进农村环境执法工作。

（一）党委、政府重视是前提

农村环境执法问题表现在基层，但是必须从上面开始重视，采取切实措施，才能加以解决。上级党委、政府，尤其是县级党委、政府要充分认识到加强农村环境执法工作对建设美丽乡村、促进生态文明建设的不可替代的基础性作用及意义，进而着手研究解决基层环保工作包括环境执法工作面临的各种实际问题。各级环保部门要借新环保法贯彻实施的时机，积极宣讲，争取党委、政府重视和支持，推动各项环境问题的解决。

（二）机构设置是根本

美丽中国建设的广阔阵地在农村，农村环境执法的对象在农村。如果乡镇这一级没有环保机构，根据当前县级环保机构人员力量配置现状，农村环境执法工作就缺少根基，只能流于形式。因此，乡镇一级应当设置相应的环保机构，配备必要的工作人员，建立完善相应的工作制度，明确责任考核办法，形成"事有人干、责有人担"的局面。这样，才有可能使各项环保法律法规在农村的落实得到保障，各种农村污染纠纷和矛盾得到及时妥善处理和化解。

（三）能力建设是关键

推进农村生态环保工作，加强环境执法队伍能力建设是基础和关键。一是要加强基层环境执法人员业务培训，提高其监管污染排放、排查风险隐患、查处违法问题、规范执法行为等能力。二是要培养锻炼基层执法人员综合素养，提高一线工作技能，提高与群众打交道能力，学会调解纠纷化解矛盾。三是要加大必要的财政投入，保障应有的人员经费和办公经费，解除执法人员的后顾之忧。

（四）配套机制是保障

农村生态保护和环境执法主体多元，客体复杂，对象广泛，必须按照中央关于生态文明建设的整体部署和环保法律法规的要求，建立起政府全面负责，环保统一监管，部门齐抓共管的工作格局。要明确环保、农业、公安、交通、安监、城建、水利等相关部门联动工作机制，制定相应责任考核办法，做到职责清晰，任务明确，互相配合，形成齐抓共管的合力。

（五）公众参与是基础

农村面积广阔，人员相对分散，环境执法监管不可能做到时时处处全覆盖，必须通过贴近实际、贴近群众、能为群众所接受的有效方式，不断提高群众生态文明意识，自觉保护环境，从自身做起，做好清洁乡村工作；不断提高群众法律意识，自觉遵守法律，防治各类污染，理解、支持、配合环境执法工作；不断提高群众参与意识，自觉监督举报各类环境违法行为，推进农村生态文明建设扎实稳定进展。

浅议中南地区农村主要环境问题及对策建议

湖南省常德市环境保护局 唐俊武

摘 要: 中南地区农村环境污染和生态破坏日益严重,各类环境问题不断凸显。本文主要分析了中南地区农村面临的主要环境问题和成因,并从区域发展政策、环境政策体系、农村生活污染科学处理和农村环保工作体制机制四方面提出解决中南地区农村环境问题的对策建议。

关键词: 中南地区 农村 环境问题 对策建议

我国中南地区是指地处秦岭—淮河以南及我国东—西部过渡带一线的区域,主要包括河南、湖北、湖南、广东、广西等省、自治区。该区域自然条件相似,气候状况良好,淡水资源丰富,土壤有机质和矿物质含量均衡,生物种类繁多,适宜于发展农业生产,自古以来是我国重要的农业发展区域和主要农产品供给区,素有"鱼米之乡"的美誉。近年来,我国中南地区农业经济虽然取得了长足进步,但在粗放式发展模式的主导下,农村环境污染和生态破坏日益严重,各类环境问题不断凸显,如果不及时扭转这种环境恶化态势,并采取切实、有效措施加大农村环境保护力度,不仅将对中南地区生态环境和群众身体健康造成严重不良影响,而且将破坏业已形成的农业发展基础,威胁国家粮食安全。

一、我国中南地区农村面临的主要环境问题

(一)种植业面源污染问题十分严重

中南地区是我国主要粮食生产基地,为保证粮食产量,该地区大量施用化肥、农药,造成了严重的面源污染问题。据统计,目前中南地区农村的部分田块每亩化肥、农药使用量甚至分别达到 200 kg/a、20 kg/a,折纯氮 400 kg,大大超出全国平均施用水平。究其原因是部分农户贪图省时省力,不按农技部门提供的配方量,超剂量使用农药、化肥,特别是杀虫剂,个别农户超剂量达到配方量的 2～3 倍,从而对土壤、地表和地下水体造成严重危害,进而影响到农产品的质量安全和群众的身体健康。

(二)土壤环境污染问题已初现端倪

近年来,随着农村经济的发展和农业生产、生活等活动的加剧,中南地区农村土壤污染问题已逐渐成为影响该地区农村生态环境质量的"短板"。根据全国第一次土壤污染普查结果,中南地区土壤污染问题已不容忽视,受镉、镍、砷、铬、铅等重金属污染的耕地

面积近 6 000 万 hm²，约占总耕地面积的 1/3；有机物污染的主要有六六六、DDT、苯并[a]芘和二苯并[a, n]蒽，约占总耕地面积的 2/5，均为过量施用农药所致；此外，工业"三废"污染、污水灌溉的农田面积已超过 100 万 hm²。除耕地污染之外，中南地区农村的工矿区也还存在土壤污染问题。

（三）水环境质量变化趋势令人担忧

虽然中南地区水资源十分丰富，但随着水环境污染加剧，"水质性"缺水问题已十分严重。主要表现在河流有机污染普遍，地下水源污染问题突出、主要湖泊富氧化现象严重、居民饮用水受到威胁等。据相关调查表明，中南地区地表水体氟化物、高锰酸盐指数、总磷、粪大肠菌群均超标，地下水体铁、高锰酸盐指数、氟化物、氨氮超标，农村人口饮用水水源不合格约占 1/3，其患病、死亡均与生活用水不洁密切相关。可以说，中南地区农村水环境恶化已相当严重，若不及时进行处理而继续拖延下去，则将需要更大耗资的控制计划，而且还会使越来越多的用水方案失去效用。此外，对人体健康的危害将是长期的、无法挽回的。

（四）畜禽养殖业已成为重要点源污染

中南地区农村畜禽养殖污染已成为农村地区最大的污染源之一，在诸多地区已成为影响农村环境质量的"罪魁祸首"。畜禽养殖业环境污染主要体现在三个方面，即有机质污染、臭气污染、重金属污染。畜禽养殖废弃物中含有大量的有机质，据测算，目前畜禽养殖废弃物中 COD、氨氮排放量已达到地区总排放量的 1/3 以上，若未经有效处理，极易造成周边水体和土壤的富营养化污染，对农村饮水安全、农业增产增质造成严重影响；此外，畜禽养殖废弃物在发酵过程中产生的臭气也大大影响周边居民的生活质量，是农村环境投诉的热点问题；最后，由于目前养殖户多采用饲料喂养，这些饲料为促进畜禽生长添加了重金属元素，这些含有重金属元素的粪尿和污水进入水体和土壤后，也会影响农村群众身体健康，进而引发严重的社会问题。

（五）农村生活污染问题逐渐加剧

随着中南地区农村人口的增长和生活条件的改善，农村生活垃圾逐渐增多。根据全国第一次污染源普查结果，中南地区农村群众每人每天产生的生活垃圾不少于 1 kg，总量更为惊人。不少地方的垃圾未经分类处置，被输送到田间地头，堆积于农民的房前屋后，或者送至乡镇生活垃圾简易填埋场，使得分散污染变为集中污染，不但威胁环境，给农业生产留下了后遗症，而且时刻威胁农民自己的身体健康。对那些卫生防疫滞后的农村，有害垃圾造成的恶性循环，更使得农村生态环境雪上加霜。此外，农村生活污水排放量也在逐年增长，但由于资金缺乏，污水处理设施多未配套，造成生活污水直接排入水体，不仅影响农村优美的环境景观，而且破坏生态环境质量。

此外，中南地区农业生产废弃物（如农膜、农药瓶、秸秆）及工业生产废弃物（如农村工矿企业）也是造成农村环境问题的重要原因之一。

二、造成中南地区农村环境问题的原因分析

（一）农村环境规划普遍缺位，缺乏统筹发展思路引领

一直以来，中南地区无论是农村城镇化建设还是农村经济的发展，都缺乏科学系统的环保规划，没有充分地考虑到各地区的环境背景因素，形成功能分区、因地制宜的发展思路，导致农村发展布局和产业结构不合理，发展路径不科学，造成严重的农业资源浪费和环境污染。另外，许多地方的生态环境保护虽然有规划目标，但是一旦考虑经济发展，那些破坏环境的项目出现在经济规划中，就全然不受环保规划的影响；或一旦注意到资金、人力、物力的实际流向时，就会注重经济增长计划，而非环保计划。

（二）农村环保投入严重不足，生态环保意识较为薄弱

长期以来，中南地区由于工作经费紧张，农村环保投入严重不足，一些基层环保机构没有财政拨款，环境监测、监理设备老化，环保执法手段和装备落后，许多改善环境质量的措施和亟待解决的重大环保工程得不到落实，导致环保基础设施建设落后，缺乏有效的手段解决环境污染问题，已严重制约农村环境质量的改善和环保事业的发展。此外，由于部分农村地区片面追求经济效益和强调局部利益，在决策时以牺牲环境为代价求一时的经济增长，走"先污染、后治理"的弯路。同时，相当部分企业环保法制观念不强，在利益驱动下，在防治污染上消极对待，有的甚至闲置污染处理设施搞偷排。

（三）生态农业生产工艺推广缓慢，群众环保意识有待加强

由于中南地区生态农业生产技术落后，信息资源匮乏，科学文化素质不高，农民养成了许多污染环境和破坏生态的不良生产、生活习惯。譬如缺少科学种田的指导，滥用化肥和农药；卫生条件差，垃圾随处扔；前茬秸秆影响后茬，就一烧了之等。这种淡薄和落后的环保意识在农民身上根深蒂固，造成制造污染的主体十分庞大，因而污染现象十分普遍，难以根治。此外，由于农村环保宣传教育的力度不够，许多群众往往会对涉及自身利益的环境违法行为进行举报或投诉，而对自身破坏或影响环境的行为缺乏自我约束。

（四）农村环境力量薄弱，生态环保工作机制尚未健全

中南地区农村十分缺乏环保力量。在一些地方，农村基层环保派出机构建设已在实施中，但也出现覆盖范围小和规范化建设差距较大的问题。同时在工作实效上，乡镇政府内建立综合性的执法机构，虽然承担一定的环保工作职能，也做了一定的工作，但由于人员兼职多，精力难以集中，而且人员属于乡镇编制，流动性大，队伍不稳定，对乡镇的依赖性较大，影响环境监管作用的发挥。

三、解决中南地区农村环境问题的对策建议

（一）合理分区，实施有差别化的发展政策

应根据自然生态系统的不同特征和经济地域的内在联系，将中南地区农村划分为集中保护区、适度开发区、集约发展区和生态涵养区。依据各区域资源环境承载能力、发展现状和开发潜力，界定区域功能，明确发展方向。

1. 将饮用水水源地、自然保护区等具有特殊保护价值的地区划定为集中保护区

该区域主要承担维护生态系统安全，保护生物多样性和完善生态服务功能的职能，区域内禁止开发建设，现有污染企业一律搬迁、淘汰或关闭。

2. 将各类宜农土地划定为适度开发区

该区域应重点打造生态农业和湖乡旅游，控制农业面源污染，发展有机生态农业。整合旅游资源，拓展环湖旅游。加强污染防治，搬迁、淘汰现有污染企业。

3. 将城区、各县城和重点建设城镇划定为集约开发区

该区域的主要职能为高效集约开发，拓展发展空间，提高资源环境综合承载能力。

4. 将现有森林覆盖地区，包括森林公园、江河水系源头地区、水源涵养林、重点公益林、风景名胜区、景观山体以及坡度 25°以上的高丘山地划定为生态涵养区

该区域主要承担构筑洞庭湖区绿色屏障，打造林业生态资源和水资源涵养保障区的职能，通过强化水土保持，加强植树造林，构建生态廊道，扩大森林覆盖，适度发展生态旅游，打造绿色发展生态屏障。

（二）加快研究、制定有效的环境政策体系

长期以来，中南地区农村为维系国家粮食安全和生态安全做出了巨大牺牲，但由于农业产业层次低，农业比重过高，造成财政困难，居民收入不高，自我发展能力和造血功能不强，导致人与自然关系长期处于边保护边破坏的恶性循环之中，急需国家加快研究、制定有效的环境政策体系。一是建立政府主导的生态补偿机制。按照"谁受益谁补偿"的原则，将部分极具保护价值的区域优先纳入国家生态补偿机制试点。二是开展环境税试点，全面推行排污权交易、环境污染责任保险等环保监管政策，提高污染企业经营成本，有效利用经济杠杆淘汰落后的污染企业和产能，建立污染企业限期退出的倒逼机制。三是研究农村转方式、调结构、促发展的公共财政支持政策体系。在税收、转移支付、土地整理、水利建设等方面给予重点支持和保障。四是大力实施全国农村环境连片综合整治和土壤污染综合防治试点，解决中南地区农村面临的农业面源污染问题。

（三）大力实践、推广农业生产新技术，推进农村生活污染科学处理

一是推广适用先进的农作物无害化防治技术，指导农民多施有机肥，要将缓控释肥纳入农业主推技术，继续实施测土配方施肥，做到合理使用农药、化肥，渐进地限制和杜绝激素类农药对成熟果蔬的使用；二是制定科学的防治策略，强化技术服务和农药市场监管，严禁销售、使用高毒、高残留农药；三是大力推广秸秆还田和保护环境的农业技术，因地制宜发展秸秆综合利用和以沼气工程为主的农业循环经济；四是加强对规模化畜禽、水产养殖业的环境管理，提倡生态养殖，促进养消平衡，实现畜禽、水产养殖的粪污循环综合利用；五是全面推广农村生活垃圾分类减量、农村保洁分类负责政策，鼓励农户将可回收生活垃圾分类后交由专业机构再生利用，将简单易处置的垃圾自行处置，将菜叶、厨余物等有机垃圾自行沤制还田，将建筑垃圾作为辅料集中存放待用，尽量减少垃圾输出量。总之要通过政策引导、强化监管，促进农村面源污染防治工作全面展开。

（四）逐步完善、健全农村环保工作体制机制

一是应积极推进乡镇环保站的设立进程，鼓励乡镇安排专人负责环境保护工作，积极打造常德市农村地区环境保护工作网络，为发展生态农业，解决农村环境污染问题打好基础；二是应强化对农村环境保护工作的绩效考核，明确农村环境保护工作任务，约束各类污染农村环境的不良行为；三是应建立和完善农村环境污染防治工作联席会议制度和信息共享机制，加强部门间的配合和协作，形成整体合力。四是应建立重点污染源台账管理制度，加强对重点区域和重点对象的监管。五是应不断加大环保执法力度，综合运用法律、行政、经济等多种手段有效遏制农村地区环境污染问题。

广东省肇庆市畜禽养殖污染现状及防治对策

广东省肇庆市环境保护局　纪其国

摘　要: 为提高畜禽养殖污染防治水平,达到污染减排要求,完成好减排工作任务,本文通过分析广东省肇庆市畜禽养殖业发展和污染现状,指出污染治理中存在的主要问题,借鉴国内先进的畜禽养殖模式,提出适合肇庆市畜禽养殖污染治理的对策,以及促进污染减排目标实现的管理机制和保障条件。

关键词: 畜禽养殖　污染防治　对策

随着改革开放和经济发展,人民生活水平不断提高,对畜禽产品的需求量也在不断增加,特别是城市"菜篮子工程"的实施,使畜禽养殖业得到迅猛发展,规模化、集约化的养殖场和养殖小区不断增加,导致畜禽的粪便及污水排放量也随之增加。规模化畜禽养殖场产生的大量畜禽废弃物不能充分利用,一些养殖场的粪便随地堆积,污水任意排放,臭气冲天、蚊蝇成群,严重污染了周围的环境,并对生态环境造成巨大压力,畜禽养殖产生的污染已经成为农村面源污染的主要来源,是造成许多重要水源地、江、河、湖严重污染的主要原因之一。因此,治理畜禽养殖污染刻不容缓,如何在合理发展规模养殖、调整养殖结构与布局的同时,治理养殖污染已成为各级主管部门十分关心的问题。为加强肇庆市农村环境保护工作,落实《广东省农村环境保护行动计划(2011—2013)》(粤环[2011]99号)和《印发广东省环境保护和生态建设"十二五"规划的通知》(粤府办[2011]48号)文件精神,肇庆市环境保护局开展了专题调研活动,通过察看畜禽养殖场现场,召开座谈会等形式,详尽了解肇庆市畜禽养殖污染现状和存在问题,并就如何预防畜禽养殖污染进行了分析研究,提出了相应的防治对策措施。

一、肇庆市畜禽养殖业发展现状

肇庆市是全省生猪生产和调出大市之一,生猪和家禽养殖出栏量稳居全省前列,总量占全省的1/10。肇庆市辖区现有规模养殖场(牛50头、猪500头、鸡、鸭、鹅5 000羽及以上)1 346家,其中家禽养殖场148家,生猪养殖场1 198家,而奶牛、肉牛则是以分散型的养殖专业户为主。肇庆市畜禽养殖业中,规模化养殖场主要集中在四会、高要、怀集和鼎湖四个县(市、区),而四会、高要和怀集被评为国家生猪调出大县(市),其中四会为广东最大的生猪养殖县(市)和最大的生猪调出大县(市)。全市共有20家生猪养殖企业被评为省首批重点生猪养殖场,数量位居全省第二。

二、肇庆市畜禽养殖污染现状

（一）畜禽养殖场主要污染物排放情况

由于养殖类型和地理位置等条件的影响，肇庆市辖区各县（市、区）的畜禽养殖所产生的污染物排放量有较大差别。氨氮排放量较大的几个地区分别是高要、鼎湖、怀集、四会，分别占总排放量的 24.95%、19.73%、19.27%、15.68%。COD 排放量较大的几个地区分别是四会、高要、怀集、鼎湖，分别占总排放量的 29.66%、19.73%、16.52%、15.83%。四个污染排放量较大的县（市、区）离西江流域终端位置都比较近，对西江的水质将产生一定的影响。

（二）畜禽养殖场污染物主要处理方式

通过对肇庆市畜禽养殖场产生的污染物处置方式进行调查统计，畜禽养殖中污染物处置方式主要有以下几种不同形式：垫料垫草、干清粪、水冲粪、液泡粪；及其组合形式如：垫料垫草+干清粪、干清粪+水冲粪、水冲粪+液泡粪、垫料垫草+干清粪+水冲粪、干清粪+水冲粪+液泡粪、垫料垫草+干清粪+水冲粪+液泡粪。

根据养殖类型不同，其污染物处置方式有所差别。在家禽养殖中，由于家禽产生的粪便中含水率较低、同时单位产品产生的粪便量相对也较低，因此，其污染物处理方式以"垫料垫草"处理为主，通过在家禽粪便排泄位置垫料垫草，直接收集排泄物，经堆集发酵后作为农家肥使用，产生的污染相对较小。据调查统计，肇庆市 148 家规模家禽养殖场中，采用"垫料垫草"处理方式的有 132 家，占家禽养殖场总数的 89.19%，占整个畜禽养殖场总数的 9.81%；"垫料垫草+干清粪"处理方式的有 14 家，占家禽养殖场总数的 9.46%，占整个畜禽养殖场总数的 1.17%。

在生猪养殖中，污染物处理方式主要以"水冲粪"处理方式为主，有 760 家，占生猪养殖场总数的 63.43%，占整个畜禽养殖场总数的 56.46%；"垫料垫草+干清粪+水冲粪+液泡粪"综合处理有 225 家，占生猪养殖场总数的 18.78%，占整个畜禽养殖场总数的 16.73%；"干清粪+水冲粪"处理方式有 138 家，占生猪养殖场总数的 11.52%，占整个畜禽养殖场总数的 10.25%；"干清粪"处理方式有 118 家，占生猪养殖场总数的 9.85%，占整个畜禽养殖场总数的 8.77%。

（三）畜禽养殖粪便的污染途径

畜禽粪便在利用过程中主要是通过以下途径流失而产生污染：
（1）粪便在清理过程中，随冲洗水直接流失。
（2）畜禽粪在贮存和堆放过程中，在室外被雨水冲刷淋失。
（3）极少数畜禽场建在河边，使得畜禽粪便直接排入河流。

三、国内先进的畜禽养殖模式

近年来，国内先后发展了多种先进的畜禽养殖模式。主要有：

（一）浙江临安生态畜牧养殖小区模式

采用畜牧小区 "猪—沼—桑（茶）"种养结合模式，干粪发酵用于桑园、林地，养殖业与种植业充分结合，形成生态循环系统。

（二）广西百色市"种植—沼气—养殖+灯"生态农业循环模式

以产业链条延伸和构成闭合链条为主线，综合利用农业生物质资源，发展生态型农、林、牧、副、渔、工、贸相关产业，带动山、水、林、田、路、渠的全面建设，通过采取配套生态措施进行系统调控，使经济发展与生态建设在较高层次上达到良性循环的发展形势，提升农村生态环境。

（三）"种、养、加、沼、肥"五环产业并举模式

变单环技术为组合技术，集大成于一体，提高农业生产的环境质量，合理调整生产过程中的相互关系，使一个生产过程中的排泄物（废弃物）成为另一个生产过程的输入物（即原料资源），从而实现农业生产的无废弃物过程（零排放目标），即废弃物资源化过程。

（四）浙江桐乡畜禽污染治理模式

浙江桐乡在畜禽污染治理过程中的治理方式主要有生态沼气化治理模式、蝇蛆处理模式和零排放发酵床养殖模式三种。

（五）广东厚得种养有限公司"三段二步"处理方法

采用工艺为猪舍冲洗水→收集池→沼气池→氧化塘→鱼塘的"三段二步"方法，净化和利用大型养猪场的粪尿及冲洗水，达到利用资源、保护环境的目的。

（六）成都"能源生态型工艺技术模式"

通过督促养殖场采取有机肥利用、沼气池建设、牧草果蔬种植消纳污染物等办法解决养殖污染问题，取得了良好的成效。

四、肇庆市畜禽养殖污染的防治对策

针对肇庆现有畜禽养殖中存在的问题，结合国内先进经验和肇庆现有状况，提出相关防治对策。

（一）建立畜禽养殖污染防治的管理体系

畜禽养殖涉及农业局、环保局、畜牧局等管理部门，各自职责范围有限，很难形成一个共管机制，这就需要市政府根据全市的实际情况，出台对畜禽养殖场的管理措施，明确管理主体和责任权限。

1. 出台地方性管理办法

根据全市实际制定地方性补充规定，进一步明确畜禽养殖场建设的选址要求，划分禁养区、限养区和适养区，明确卫生防护距离，要求设置集粪池、废渣的储存地面进行水泥硬化，改造发酵床、建造沼气池、后处理池、干粪堆场、雨污分离等污染治理设施建设，粪尿干湿分离等，明确各养殖户应尽的职责和义务，促使养殖户规范行事，使管理者有法可循，对违规者有法可查，保证各项整治措施和要求得以认真贯彻落实，努力形成科学的规范的环保生态型饲养模式。对违规者提出相应的处罚办法。

同时，出台全市畜禽养殖污染物集中处理措施，改变现有养殖污染分散处理的方式，建设畜禽粪便收集处理中心、实施生猪养殖控量提质工程；加大畜禽养殖污染的执法力度，强化执法监管。

2. 对症下药，分类指导

政府有关部门要组织并指导县市确定重点环境管理的养殖企业名录以及重点控制区域，分期分批开展规模化畜禽养殖废弃物综合利用试点和面上推广，增加投入，补充设备，配套基地，畅通流向，净化环境，降低负荷。

3. 建立并完善环境监管体制

制定和完善切实可行、易于操作的养殖业污染防治管理规定，建立排污许可、防疫条件许可等配套的准入机制，从规划设计、建设施工等源头实施依法治理。对现有养殖企业和规模大户实行环境污染评估，不符合规定的，责令限期整改，甚至责令转产或停产。对于在农村新建养殖场的，由镇村把好第一关，对属于规模养殖的，由镇村督促业主进行环境影响评价，建设相关符合国家标准的污染防治措施，环保局要严把审批关，对防护距离和治污设施达不到要求的禽畜养殖场不予审批；对有一定数量但没有达到规模养殖数量的养殖场，要督促其办理建设项目环境影响登记表，凡是不能做到的，乡镇政府要在用地等方面给予限制。对于未达到规模养殖的散养户，建议镇村积极引导为主建设集粪池等基础性防污设施。

4. 加强环保宣传教育，引导养殖户发展生态养殖

畜禽污染整治既关系到农村生态环境卫生改善和畜牧业可持续发展，也关系到农民生活质量的提高，是一项经济效益、社会效益和环境效益有机结合的公益事业，通过多种形式，加强宣传教育和引导，引导养殖户科学养殖，采取农牧、林牧、渔牧、肥牧结合等方式，重点建设循环性畜牧业工程，实行生态养殖，促进农村畜禽养殖场环境综合治理。

（二）推广污染防治技术

推广应用环保饲料，提高畜禽的饲料利用率，尤其是应提高饲料中氮的利用率，降低畜禽粪便中氮的污染。

推广厌氧发酵等生物技术，大力推行沼气处理畜禽粪便。

推广粪便的再利用技术，提倡干清粪工艺，或循环水清污，减少污水量。用干粪经过一定工艺技术制造高效生物活性有机肥应当成为畜禽粪便处理的主要方式。

推广畜牧业生态工程技术，采取生态综合防治措施，对营养物质多层次的分级利用，变废为宝，从根本上解决畜牧业污染问题。

（三）加快推进生态与健康养殖

随着规模化集约化程度的不断提高，建设生态养殖与健康养殖势在必行，以将全市省级重点养殖场建设成为标准化规模化养殖样板场为契机，示范带动全市生态与健康养殖发展。

结合全市山区果园众多的特点，要积极总结与推广德庆县"猪—沼—果"的立体、生态、健康、环保的种养模式，推进以沼气为纽带的畜牧业与林果业的有机结合，发展畜牧业循环生态养殖模式，从而推动全市山区畜牧业的健康发展。

尽量减少农村一家一户的养殖，由镇村统一协调，将目前的一家一户松散型养殖模式改为区域化集约型养殖，也可以打破镇、村、组的界限，建立几个集中养殖小区，建设共用的污染处理中心，减少一家一户配套设施投入，减少养殖成本投入。

（四）加大污染治理投入

各级政府要加大对养殖业污染治理的投入力度，对于规模养殖场、养殖小区的排污设施建设和畜禽地方品种的保护，要予以适当补贴。环保部门的排污费要有适当比例用于养殖业环境污染治理和环境资源保护。要大力招商引资，建设利用畜禽粪便生产有机肥的企业，并给予补贴。要实行激励机制，对那些在畜禽养殖中，主动积极安装环保设施，推广环保措施，认真有效治理畜禽粪便污染的单位和个人，按照"以奖促治、以奖代补"的政策给予奖励。

浅谈构建河池市生态文明建设的制度体系

广西河池市环境保护局　黄岸锋

摘　要：建设生态文明，必须建立系统完整的生态文明制度体系，用制度保护生态环境。本文结合河池市的实际，提出探索建立生态资源台账制度、生态保护红线制度和责任追究制度，建立健全生态利益共享机制、科学民主决策机制、科技人才支撑机制和资金投入保障机制，不断完善生态环境执法监督机制的具体建议。

关键词：河池市　生态文明建设　制度　体系

党的十八届三中全会指出："建设生态文明，必须建立系统完整的生态文明制度体系，实行最严格的源头保护制度、损害赔偿制度、责任追究制度，完善环境治理和生态修复制度，用制度保护生态环境。"笔者结合河池市的实际，学习贯彻落实十八届三中全会关于生态文明制度体系的要求，对于如何构建河池市生态文明建设的制度体系提出一些思考。

一、河池市近年来生态文明建设的基本情况

河池市地处广西西北边陲、云贵高原南麓。1965 年 8 月 1 日，经党中央、国务院批准，设立河池专区。2002 年 6 月，经国务院批准撤销河池地区设立地级河池市。现辖 11 个县（市、区），总面积 3.35 万 km²，人口 409.55 万人。河池是资源富集区，许多资源堪称独有、独特，独具一流。

1. 水能资源

河池河流众多，全市有大小河流 635 条，河流总长度 5 130 km。主要河流有红水河和龙江河两大干流，均属西江水系。河池是中国水电之乡，河流地形落差大，全市水能资源蕴藏量达 1 200 多万 kW，占广西水能资源的 60% 以上，全市已建、在建电站 118 座，装机 900 万 kW。

2. 矿产资源

河池地处环太平洋金属成矿带，属南岭成矿带的一部分，是世界罕见的多金属群生富矿区，被誉为矿物学家的天堂。全市 11 个县市（区）都有矿藏，已探明的有 43 个矿种 205 处。已经探明的有色金属储量有 750 万 t 左右，价值在 5 000 亿元人民币左右，其中锡储量占全国的 1/3，是中国的"锡都"，锑和铅锌储量占全国第二，铟储量名列世界

第一。

3．生态资源

河池地处云贵高原向东南盆地过渡地带，海拔的大尺度悬殊差异，形成了河池地理的多样性、气候的多样性、生物的多样性。红水河流域继桂林、北海之后，是广西三大国际旅游目的地之一。目前全市森林覆盖率达 66%，气候宜人，其中以巴马、东兰、凤山为主的盘阳河流域是著名的长寿带，巴马县于 1991 年被列为世界第五个长寿之乡。

近年来，河池市始终坚持科学发展理念，切实转变发展方式，把经济建设与生态环境建设相结合，不断强化发展举措，积极发展循环经济，下大决心淘汰低效益、高能耗、高排放的落后产能，深化农村生态环境保护和建设，环境保护工作取得了可喜的成效。制定颁布实施了《河池生态市建设规划》、《河池市生态功能区划》、《河池市龙岩滩水库生态环境保护试点项目总体方案》、《河池生态市建设工作方案》、《关于落实科学发展观，建设生态河池的决定》、《河池市全面推进生态文明模范市建设总体实施方案》等一系列政策措施。已建成 2 个国家级自然保护区、3 个自治区级自然保护区；还有自治区级以上的森林公园 4 个，自治区级风景名胜区 3 个，世界地质公园 1 个。

2010 年，时任国务院总理温家宝视察河池的时候，挥毫写下"山青水秀生态美，人杰地灵气象新"的题联，这是对河池生态建设和保护工作给予的高度赞扬和寄予的厚望。

2013 年，河池全市环境质量总体保持良好，城区空气环境质量优良率 97.5%，三项监测指标均达到《环境空气质量标准》（GB 3095—1996）二级标准。主要河流 7 个监测断面平均水质符合Ⅲ类水质标准，水质达标率 100%；城市集中式饮用水水源地下水所监测的 23 项指标符合《地下水环境质量标准》（GB/T 14848—1993）Ⅲ类标准，城区饮用水水质达标率为 100%。

2014 年，河池市提出了新的奋斗目标，到 2015 年，城市空气质量良好以上的天数达到 340 天以上，主要江河湖库水质稳定达标，国控和省控断面水质达标率大于 90%，城乡集中式饮用水水源地水质达标率达到 100%；全市森林覆盖率达到 68% 以上。到 2020 年，生态环境质量居全区前列，走出一条生产发展、生活富裕、生态良好的文明发展道路。

二、存在的困难和问题

（一）全市环境污染仍十分严重

河池市长期以来形成的以资源为主的结构性污染还十分突出，环境形势依然严峻。

1．土壤污染现状

根据 2013 年环境保护部环境规划院对河池市土壤采样调查数据，河池市 602 个土壤监测点中，约 1/3 的土壤监测点超标（浓度超过土壤环境质量三级标准限值的评价为劣三级，即视为超标）。超标点位主要集中在南丹县、金城江区、环江县和罗城县，其他县（市、区）的土壤也不同程度出现重金属超标现象。从土壤中各重金属超标数量看，最严重的是镉，占超标点位总数的 84.77%，其次是砷、汞、铅和铬。

2. 水质污染现状

根据 2013 年环境保护部环境规划院对河池市水质监测数据，河池市河流水质总体良好，Ⅲ类及以上的水质断面 118 个，占总数的 80.27%。红水河、刁江和龙江三大水系水质总体良好。河池市 50%的湖库水体水质符合Ⅲ类及以上水质标准。42 个湖库水质监测断面中，Ⅲ类及以上水质断面为 21 个，占总数的 50%，劣 V 类水质断面为 9 个，占总数的 21.43%，30 个设置功能区划目标的湖库中，只有一半达到功能区划目标，超标因子主要为总磷。河池市区域地下水环境质量总体较好，部分重点污染源所在区域地下水环境质量较差。矿山开采区 24 个地下水监测点中，地下水水质为Ⅲ类及以上的仅有 5 处监测点，占总数的20.83%，水质为 V 类的有 12 处，占总数的 50%；7 处属于Ⅳ类，占总数的 29.17%。从超标率看，超标率较高的分别为：铁、锰、总硬度、溶解性总固体等，其中有部分点位重金属铅、砷超标，特别是重金属尾矿库，明显受尾矿库淋滤液影响。工业园区 20 个地下监测点中，地下水水质为Ⅲ类及以上的有 14 处，占总体的 70%；水质为 V 类有 2 处，占总数的 10%；水质为Ⅳ类有 4 处，占总数的 20%。从超标率看，超标率较高的分别为：铁、锰、总硬度等，其中有一个点位氨氮超标。

（二）推进生态文明建设的制度机制还远未建立

近年来，全市虽然出台了不少制度，形成一定的机制，但还不系统化，各种机制发展滞后，不能适应形势发展的需要。

三、着力构建生态文明建设的制度体系

要结合河池市的实际，认真贯彻落实国家有关环境保护、生态建设的一系列法律法规，研究制定和修订完善保护环境、节约能源资源、促进生态经济发展等方面的法规规章，加强重点区域、重点领域生态环境保护专项立法。加强检察司法工作，依法严厉查处破坏生态、污染环境的案件。加强环境保护、生态建设等领域的法律服务工作。加强生态法制宣传教育，在全社会形成人人遵法守法、自觉保护环境的良好局面。

重点要抓好以下几方面的制度建设：

（一）探索建立生态资源台账制度

在全市范围内开展生态普查工作，进行生态环境现状调查与评估，全面摸清河池市生态环境现状，摸清自然保护区、风景名胜区、森林公园、地质公园、湿地、饮用水水源保护区、重要水源涵养区、重要湿地、生态公益林、受保护耕地等保护区域的数量、面积、地理位置、环境质量，并在此基础上，建立生态自然资源台账，为全市环境保护、社会经济发展规划以及生态文明综合考评和责任追究等提供基础依据。在生态环境现状调查的基础上，重点开展全市水、气、土壤基础环境现状调查，全面掌握河池市水、气、土环境质量底数；重点开展龙江健康流域生态环境保护试点、刁江流域地下水基础环境状况调查评

估试点，调查刁江流域地下水基础环境状况，建立全市生态环境状况基本数据库、刁江流域水源地和污染源数据库，完成全市生态环境现状评估和流域地下水基础环境状况评估。

（二）探索建立生态保护红线制度

在生态普查的基础上，结合生态功能区划，划定河池市生态保护红线，就是生态功能区域边界红线和重金属防控区域边界红线。通过红线的划定，建立和完善严格的污染防治监管体制，对所有污染物，以及点源（矿山等）、面源（农业等）、固定源（工厂等）、移动源（车、船、飞机等）等所有污染源，地表水、地下水、大气、土壤等所有纳污介质的污染防治实施严格监管，实现环境污染的全防全控；建立和完善严格的生态保护监管体制，对森林、湿地、河流等自然生态系统，野生动植物、生物物种、生物安全等生物多样性，以及自然保护区、森林公园、自然遗迹等所有保护区域进行整合，实施监管。

（三）探索建立责任追究制度

强化责任考核和追究制度。实行生态文明建设工作目标责任制，把资源消耗、环境损害、生态效益等指标纳入经济社会评价体系，纳入各级党政领导班子和领导干部综合考核评价体系，严格考核和问责。实行领导干部自然资源资产离任审计，编制自然资源资产负债表，在领导干部离任时，根据自然资源资产负债的增减对领导干部进行离任审计，2015年前对水、气、土壤等三种基础环境质量指标实行离任审计，2016年起将生态指标体系全部纳入领导干部离任审计。实行领导干部任期生态环保目标考核制度，对达不到目标要求的领导干部实行问责。建立生态环境损害终身追究制，一旦出现生态环境损害情况，就启动倒查程序，追究当初决策或监管人的责任。严格执行损害赔偿制度，按照国家、自治区有关法律法规，对损害生态环境的行为进行严格的处罚。尝试引进损害评估机制，通过科学评估确定赔偿金额，合理、合法地追究环境损害者的刑事、民事（经济赔偿）责任，使"污染者负担的原则"落到实处，有效分解和传递环境责任。

（四）探索建立生态利益共享机制

切实做好东兰、巴马、凤山、天峨、都安、大化6个县的国家重点生态功能区一般性财政转移支付工作，争取获得的财政转移支付金额逐年提高。加快推动罗城、环江两个自治区级生态功能区争取升级为国家重点生态功能区，纳入国家财政转移支付范围。努力争取自治区在柳来河区域探索开展生态服务价值评价体系建设试点，探索转移支付、对口支援、专项补贴、生态移民、异地开发等多样化的生态利益共享方式，逐步在自然保护区、重要生态功能区、矿产资源开发和流域水环境保护领域实行生态利益共享，呼吁从自治区及国家层面建立上下游流域生态安全利益共享机制。

（五）建立健全科学民主决策机制

将生态文明建设纳入国民经济和社会发展规划，贯穿于经济社会发展全过程。建立完善环境与发展综合决策机制，在继续严格执行项目环评的基础上，积极推进规划环评、政策环评、战略环评。在城市规划、能源资源开发利用、产业结构调整、土地开发建设等重大决策过程中，优先考虑生态环境的承载能力，充分评估可能产生的环境影响，对可能产生重大环境影响的城市建设和社会经济发展重大决策行使环保一票否决权，避免出现对生态环境造成破坏性影响的决策失误。成立生态文明建设专家咨询委员会，充分听取专家意见。完善重大项目公示、听证制度，健全公众参与机制，保障公众的知情权、参与权、表达权和监督权。

（六）建立健全科技人才支撑机制

全市科技发展规划的编制要符合生态文明建设要求。强化自主创新能力，通过实施科技项目加强科研人才的引进和培养，建立企业为主体、市场为导向、产学研相结合的技术创新体系。结合工作实际，开展对清洁生产、资源节约、能源替代、污染防治及生态保护等领域先进适用技术的开发、应用和推广，为生态文明建设提供有力支撑。

（七）建立健全资金投入保障机制

把生态文明建设作为各级政府公共财政支出的重要方面予以支持。加大上级资金争取力度，争取未纳入国家重点生态功能区转移支付范围的金城江区、宜州市、南丹县、罗城县、环江县列入国家重点生态功能区转移支付范围。按照"政府引导、社会参与、市场运作"原则，积极探索节能量、碳排放权、水权、排污权交易、环境污染治理等市场化机制建设。鼓励社会资金参与生态环保基础设施建设，认真研究国家资金补助政策，依托建设项目，争取更多的资金投入河池市生态环保项目建设。

（八）不断完善生态环境执法监督机制

坚持依法行政，加大执法力度，创新执法方式，充实基层环保执法力量，将环境执法向农村拓展，形成环境保护部门统一监管，相关部门各负其责的环境执法机制。严格执行主要污染物总量控制、环境影响评价、建设项目环保设施"三同时"、限期治理、挂牌督办、环保后督察等制度。完善行政执法监督机制，加强人大法律监督、政协民主监督，充分发挥新闻舆论和社会公众的监督作用。

加强农村环境保护　促进生态文明建设

陕西省西安市环境保护局　张炳淳

摘　要：近年来，西安市结合本地农村发展现状和农村生态环境的特点，不断探索创新农村环保工作的有效路径，从完善农村生态环境保护的顶层设计、重视农村环境保护制度和考核体系建设、拓宽农村环保资金投入渠道、强化农村环境监管力量和加大环境保护宣传力度等方面提出农村环境保护工作的发展路径建议。

关键词：农村环境保护　生态文明建设　防治环境污染

防治环境污染，建设生态文明，既是实现可持续发展的重要条件，也是提高人民群众生活质量的重要保障，这关乎人民福祉和民族复兴大计。而近年来的污染治理重点主要集中在城市，农村环境问题随着经济社会的快速发展与城镇化进程的加快日益凸显，将直接影响生态文明建设和生态经济发展的步伐。因此，加强农村环保工作刻不容缓。本文结合西安农村环保工作实践，提出建议，与大家交流，仅供参考。

一、西安农村环境保护的实践分析

随着城市化步伐日益加快，防治环境污染，发展生态经济，已成为广大农村地区实现科学、可持续发展的必由之路。近年来，西安市结合本地农村发展现状和农村生态环境的特点，不断探索创新农村环保工作的有效路径，取得了成效，为区域联防联控奠定了基础。我们的体会是：

（一）出台统领性的专项规划是基础

只有从宏观层面制定一项方向明确、科学翔实、具有前瞻性的规划，才能明确农村环保工作方向，理清农村环保工作思路，使得农村环保扎实有效的推进而少走弯路。2012年年初，西安市在研习国家农村环保各项政策的基础上，深入总结历年农村环保工作，出台了《西安市2012—2015年农村环境保护工作实施意见》，明确了西安市农村环保的各项工作目标和工作重点，强化了各项工作措施，为农村环保工作的健康发展奠定了坚实基础。

（二）理清理顺工作职责是根本

要提升农村环保工作水平，必须建立分工明确、协调联动、齐抓共管的工作机制。2011年以来，就畜禽养殖污染治理，西安市环保局与市农委先后联合下发了《关于进一步加强畜禽养殖业规范化管理的通知》和《关于加强规模化畜禽养殖场污染治理和减排管理工作的通知》，建立健全了联合管理机制并组织实施。就屠宰污染物治理问题，与市商贸局联合，对屠宰企业进行核查清理，将污染物治理设施建设作为必备条件之一予以明确。就污水处理站建设问题与市统筹办、市建委进行协商，将生活污水处理设施建设作为新农村建设指标之一。逐步理清、理顺了农村环境保护工作职责，增强了污染防治的合力。

（三）加强基层环保能力建设是关键

健全农村基层环保机构，才能实现污染治理有人管、能管好。为增强基层环保工作能力，西安市环保局在户县和长安区进行了乡镇（街办）设立环保所的试点探索，以推动农村环保预警监管监控体系建设。2011 年 11 月，长安区东大街办环保所挂牌成立，户县实现了乡镇环保所全覆盖，为扎实推进农村环保工作积累了经验。在总结经验的基础上，2014年，西安市环保局成立了专项课题组，对提高基层环保工作水平进行了专题调研，拟在全市开展治污减霾网格化管理。目前长安区的环保网格化管理试点工作已全面展开并取得初步成效。

（四）加大农村环保资金投入是保障

资金投入是深化和推动农村环保的重要保障。近几年，西安市不断加大农村环保资金支持力度，对完成创建任务的 89 个市级生态镇、193 个市级生态村累计奖励 1 677 万元，对 119 个规模化畜禽养殖污染治理示范工程共补助资金 4 386 万元。通过"治污减霾"、"竞争性分配资金项目"等，支持农村生活污水处理设施建设，2013 年以来先后拨付 2 040 万元。加快了农村环境污染治理设施的建设速度，缓解了农村环保建设资金压力，增强了农村生态建设的能力。

（五）健全农村环保工作考核机制是核心

考核是指挥棒，也是推动工作的动力源。为了增强区（县）政府和政府有关部门对农村环保工作的责任感和紧迫感，提请市委、市政府完善了从上至下严格的考核机制，将农村生活污水收集处理率、生活垃圾收集和无害化处理率、农业面源污染、禽畜养殖污染治理、水土流失治理、土壤污染防治、生态公益林建设等内容纳入各级政府目标责任项目，作为各级政府和干部政绩考核的重要内容。

二、当前农村环境保护工作存在的突出问题

纵观环境保护发展历程，城市环境经过近 30 年的治理，投入了大量的人力、物力和财力，整体步入了良性的发展轨道。农村环保工作由于基础差、能力弱，污染问题日益复杂，各地农村环保工作均处于探索阶段，尚未形成一套科学规范的工作管理机制。当前，农村环境保护工作主要存在以下几方面的突出问题：

（一）农村环保还未引起足够重视

长期以来，受重经济、轻环境，重城轻农的传统思想影响，县乡领导干部往往将工作重心投放在经济社会发展的基础设施建设等领域，忽视了农村环境保护工作，导致群众环保意识淡薄，污染问题日益突出。此外，农村地区由于缺乏统一的环保整体规划，各地开展农村环保工作的内容和抓手不尽相同，往往出现"兵来将挡水来土掩"的工作局面。

（二）农村环保力量薄弱

农村环保任务繁重，头绪较多，涉及的行业和部门也较多，由于管理体制不顺，部门职能交叉，管理责任不清，部门之间配合不力、互相推诿扯皮现象较为普遍。加之在多数省市的环保部门还没有设立负责农村环保工作的专职处室，绝大多数乡镇没有专门的环境保护机构和编制，部分工作职能甚至还没有向农村地区延伸，专业技术人员的缺乏加上农村地区缺乏必要的监测、监察设备和能力，导致此项工作无法有效开展。

（三）农村环保的资金投入严重不足

长期以来，农村环保没有专门的工作经费预算，各项污染治理设施建设资金投入十分有限。农村环保工作的主战场在乡镇，但绝大多数乡镇政府财力有限，可用于农村环保的资金少之又少。譬如：乡镇污水处理厂，前期建设、管网建设需要投入的资金就非常多，后期运营也需要大量费用，而目前乡镇污水处理厂的建设主要靠争取省市农村环保专项资金，这个资金量是非常有限的。因此，目前农村环保资金投入规模与需求量相距甚远。

（四）缺乏符合实际需要的技术支撑

生活污水处理、生活垃圾处理、畜禽养殖污染防治、农业污染治理与生态保护技术等，是当前农村环境污染治理急需的技术，在广大农村地区却极为缺乏，往往出现治理污染无从下手的现象。同时由于缺乏具有符合实际、可操作性强的专业污染防治和管理技术，一些已建成的污染处理设施运行效果不佳，有些甚至成为"晒太阳工程"而搁置，对资源造成很大的浪费。

三、对农村环境保护工作的发展路径建议

（一）完善农村生态环境保护的顶层设计

应本着统筹规划、因地制宜的原则，对农村土地进行合理规划。建议将各项环保指标客观、全面核实，对主要再生资源的循环利用率、废水排放达标率、废弃物综合利用率、新农村环境美化率、综合绿化率、人均绿地面积等环保指标进行完善和规范。尽可能贴近农村实际，确保方案和指标能落到实处，促进城乡物资渠道、信息流及资金流等畅通，实现城乡之间生态互补。

（二）重视农村环境保护制度和考核体系建设

将农村环保和城市环保置于平等位置，从法律、法规体系上对农村环境保护制度的建立提供依据。实施环境保护目标责任制，尽快建立"政府主导、农民主体、环保牵头、部门协同、联合推进"的工作机制。

（三）拓宽农村环保资金投入渠道

逐步建立政府、企业、社会多元化投入机制。利用各级政府财政分担一定比例的方式，列支专项资金进行环境保护和管理；采取政府资金投入和企业参与相结合，政府在政策上给予强有力的支持，促使企业在发展过程中自觉地做好环保工作；引导和鼓励社会资金参与农村环境保护。

（四）强化农村环境监管力量

增设乡镇（街办）环保机构，增强基层环保力量，加大农村环保监管执法力度。对违反环保法律法规，破坏生态环境的行为依法严惩。严把项目落户关，杜绝不符合环保法律法规的项目投产，调整产业结构，做到科学规划、合理布局，尽量让工业企业进园区。

（五）加大环境保护宣传力度

以提高人民群众环保意识、转变农民传统观念、改变落后的生产和生活方式为目的，充分利用广播、电视、报刊、网络、宣传册等载体，采用多种形式广泛开展环保知识和环境法律知识的普及教育，加强农村环保宣传工作。

总之，农村环境保护是生态文明建设的一项重要内容，也是提高农民群众生活质量，改善农村人居环境，推进社会主义新农村建设的一项基础性工作，只有依靠规划引导和政策支持，各部门通力合作，多措并举，才能切实改善农村环境质量，实现党的十八大提出的生态文明建设的目标。

兵团连队生态环境污染问题研究

新疆生产建设兵团环境保护局　汪　祥

摘　要: 兵团连队的生态环境问题事关广大职工群众的切身利益, 事关兵团经济社会的可持续发展, 事关兵团屯垦戍边事业的发展。本文针对目前连队生态环境污染日益突出的问题, 对兵团基层连队生态环境现状和污染状况进行了介绍, 从环境意识、资金投入、环境规划、生产生活习惯等几个方面对产生环境污染的原因进行了分析, 并提出了相应的防治对策。

关键词: 兵团　连队　生态环境　对策

党的十八大提出了推进生态文明建设和"建设美丽中国"的目标, 把生态文明建设放在了突出地位。农村环境保护是生态文明建设的重要内容, 而改善农村的生态环境是建设社会主义新农村和全面建设小康社会的关键所在。目前, 新疆生产建设兵团下辖 14 个师、7 个县级市、5 个建制镇、176 个团场、2 200 多个农牧业连队、约 270 万人, 作为兵团最基层的单位——连队的生态环境问题事关广大职工群众的切身利益, 事关兵团经济社会的可持续发展, 事关兵团屯垦戍边事业的发展, 已逐渐成为焦点问题。

一、加强连队生态环境保护的重要意义

兵团 60 年屯垦戍边的发展史, 是一部认识自然、改造自然的历史, 也是向干旱、沙漠、戈壁、盐碱、风沙作斗争的生态建设史, 可以说, 兵团不仅是保卫边疆、与敌对势力作斗争的维稳戍边的卫士, 更是开荒造林、与风沙作斗争的生态卫士。60 年来, 兵团大力开展生态环境治理, 极大地改善了新疆的自然生态环境, 凡是兵团所到之处, 均是大片的人工绿洲, 使亘古荒原从根本上改变了环境面貌。至 2013 年, 兵团建成近 300 万 hm^2 的人工新绿洲, 森林覆盖率达 20%, 绝大多数团场实现了农田林网化, 80% 以上农田得到林网的有效保护。连队作为兵团特殊体制及维稳戍边最基层的组织形式, 是兵团发展最直接的载体, 连队活则团场强, 团场强则兵团兴。因此, 加强连队环境保护具有重要意义。

(一) 加强连队生态环境保护是贯彻生态文明建设的重大任务

党的十八大将生态文明建设和环境保护提到更高的战略地位, 它涵盖了先进的生态伦理、发达的生态经济、完善的生态制度、基本的生态安全和良好的生态环境, 直接关系到中华民族复兴伟大目标的实现, 与广大人民群众的切身利益密切相关。加强连队生态环境保护, 就是要担当兵团生态文明建设的倡导者、引领者和践行者, 最根本的是按照党的十

八大的要求，促进兵团经济社会发展与人口资源环境相协调，走生产发展、生活富裕、生态良好的可持续发展之路。

（二）加强连队生态环境保护是履行维稳戍边历史使命的战略选择

兵团地处边疆和少数民族地区，58 个团场的近 600 个连队分布在与蒙古国、哈萨克斯坦、吉尔吉斯斯坦三国接壤的 2 019 km 边境线上，是我国对中西亚国家开放合作的前沿和枢纽，战略地位和生态地位非常重要，保护好连队生态环境不仅关系到兵团自身发展，也关系到周边国家共同发展，更关系到国家安全和稳定。在兵团推进"城镇化、新型工业化、农业现代化"建设过程中，连队生态环境建设更是基础性工作，只有具备了良好的生态环境、社会环境、生活环境，才能让广大职工群众安居乐业，才能确保新疆社会稳定和长治久安。

（三）加强连队生态环境保护是推进社会主义新农村建设的迫切需要

通过开展环境综合整治，有利于把连队的种植业、养殖业有机地结合起来，使能源、资源和物质资源相互转换，形成良性的循环体系和完整的闭合式生态体系，实现高产高效。特别是在生态农业循环经济方面，以"减量化、再利用、资源化"为原则，以低消耗、低污染、高利用为目标，从而实现农业经济与生态环境双赢的经济形态，它所产生的经济、生态、社会效益有利于进一步提高农业综合生产能力、增加职工收入、改善连队生态环境，是建设社会主义新农村的最佳切入口。

（四）加强连队生态环境保护是实现兵团经济社会发展的必然要求

长期以来，兵团经济发展方式相对较为粗放，在发展中付出了一定的资源环境代价，如果继续延续传统发展模式，将使资源支撑不住、环境容纳不下、社会承受不起、发展难以持续。当前，兵团正处工业大发展的重要时期，经济社会发展与资源环境约束之间的矛盾将更为突出，职工群众对良好生态环境和生活质量的要求更为迫切。加强连队环境保护，由连队带动团场，由团场辐射兵团，从而推动整个兵团大力发展生态经济、低碳经济和循环经济，使兵团能够有效破解资源环境对经济社会发展的瓶颈制约，以最小的环境代价实现最大的发展。

二、兵团连队生态环境污染现状

近年来，兵团不断加大团场小城镇环境保护力度，基础设施建设取得了一定的成效。至 2013 年底，城镇自来水普及率达 98%，污水集中处理率近 75%，集中供热普及率达 90% 以上，绿化覆盖率达到 34%，城镇化率也已由 1978 年的 21.23% 提高到 65.3%，4 个城市具有生活垃圾无害化处理能力，26 个团场获得全国环境优美乡镇称号，59 个团场获得兵团环境优美团场小城镇称号。特别是 2008 年以来，在中央农村环保专项资金支持下，186 个基层连队受益，使饮用水水源地保护、生活污水、垃圾处理及畜禽养殖污染治理等方面工作得到了有效的推进。

党的十八大会议期间，涉及 70 万个村庄 9 亿农民切身利益的农村生态环境问题引起了代表和委员们的高度关注，他们认为，虽然近年来在中央的高度重视和大力支持下，农村生态环境保护取得了积极进展，但由于缺少健全的机制以及必要的资金，生态环境问题仍日益突出。对于兵团来说，随着团场经济的快速发展，连队环境污染和生态破坏造成的种种环境问题危害着职工群众健康，制约着经济发展，影响着社会稳定，形势依然严峻。

（一）生态环境"脏、乱、差"现象突出

兵团的特殊使命决定了部分连队分布在边境一线和沙漠边缘，生产生活条件艰苦，自我发展能力不足，有些连队更多的是承担着维稳戍边的职责。长期以来，由于连队基础设施建设水平较低，一些连队生活垃圾、生活污水和农业废弃物任意排放的问题未引起根本重视，加之少数职工群众的环境意识较差，人畜粪便、生活垃圾等废弃物大都未经处理，随意堆放在道路两旁、田边地头或直接排到水体中，严重污染了居住环境，直接威胁着生存环境与身体健康。

（二）饮水安全保障程度仍不够高

兵团党委为了有效解决职工群众"冬饮涝坝水、夏用渠水，人畜共用、氟砷超标"等饮水问题，大力实施饮水安全工程，近 5 年就投入 6.22 亿元，解决了 100 余万职工群众的饮水安全问题。但是，新疆是全国水资源严重紧缺的省份之一，也是全国最严重的地方性介水氟中毒病区之一，兵团 60% 以上的人口居住在沙漠边缘、河流下游，饮水条件较差，特别是地处南疆的兵团第三、第十四师的部分连队饮水质量还远远低于国家饮水安全标准，饮水不安全导致一些连队疾病流行，影响了职工群众的身心健康。

（三）工业污染向连队转移趋势明显

随着城镇化进程的加快以及城市、团场人口规模的扩大，越来越多的开发区、工业园区在团场悄然兴起，工业废水、生活污水和垃圾向团场周边连队转移的趋势进一步加剧，一些工业企业"三废"超标排放已成为影响连队环境质量的重要因素。随着城市环境执法力度的加大，企业为了追求利润的最大化，把一些国家明令禁止的产业和工艺向连队转移，在一些连队已经造成污染。因污染引发的民事纠纷事件已成为继征地、拆迁之后又一影响社会稳定的新问题。

（四）农业生产带来的土壤污染在加剧

兵团是传统的农业生产基地，辖区面积 7.06 万 km^2，耕地面积 124.4 万 hm^2，由于长期大量使用化肥、农药及农膜，使污染物在土壤中残留；同时，兵团又是我国棉花主产区，到 2013 年末植棉面积达 886 万亩，几十年棉花种植过程中使用地膜，回收率有限，使得土地中残膜量越来越多，造成"白色污染"，直接影响到土壤生态系统的结构和功能，造成农作物减产和农产品质量下降，土壤污染的总体形势相当严峻。由于土壤污染具有累积性、滞后性、不可逆性的特点，治理难度大、成本高、周期长，已经成为影响职工群众身体健康、威胁农产品安全的重要因素。

总之，兵团连队生态环境的现状，与改善职工健康状况、提高职工生活质量的迫切要求不相适应；与激发连队活力、促进团场经济发展的迫切要求不相适应；与转变农业生产

方式、建设生态文明的迫切要求不相适应；与实现全面建成小康社会的迫切要求不相适应，必须下更大的气力、做出更大的努力来改变。

三、生态环境污染在连队蔓延的原因分析

连队生态环境不仅对于农业生产、职工健康有着至关重要的影响，同样也会波及团场、城镇及城市环境。连队生态环境原来有强大的环境自净能力，但是当生产方式不当、职工群众环境保护意识低、管理方式落后时，就会使连队环境自净能力减弱，造成严重的环境污染。究其原因，主要有以下四个方面：

（一）环保意识淡薄

一些师、团领导在处理环境与经济的关系时，往往以牺牲环境为代价求一时的经济增长；部分企业环保法制观念不强，擅自闲置污染处理设施，偷排各种污染物；团场连队环境保护方面宣传教育的力度也不够，职工环境保护的意识总体较低，对自身破坏和影响环境的行为缺乏自我约束。

（二）环保资金投入不足

资金不足导致环保基础设施建设和环保机构设置滞后，造成污染治理成了一句空话，许多亟待解决的环保工程如改水、改厕、垃圾处理场和污水处理厂等得不到落实。另外，师、团级环保部门的环境监测、监察设备老化甚至配备不足，缺乏有效的行政和技术手段解决环境污染问题，严重制约连队生态环境质量的改善和环保事业的发展。

（三）规划的制定和实施难以到位

一些团场无论是在城镇化建设还是连队经济的发展方面，都缺乏科学系统的生态环境保护规划，即使部分团场已制定了《团场环境规划》，但在实际建设过程中，由于缺乏资金，不按照规划内容实施，致使发展布局和产业结构不够合理，一些对生态环境有一定影响的小作坊和团办小企业"遍地开花"，造成了严重的农业资源浪费和生态环境污染，导致连队生态环境不断恶化。

（四）落后的生产生活陋习造成生态环境污染

长期以来，由于缺乏足够的正确指导，连队生产技术相对落后、信息资源匮乏，又加上科学文化素质不高，一些职工养成了污染环境和破坏生态的不良生产生活习惯。如：化肥和农药使用不合理，污染了土壤、河流和地下水；废弃塑料薄膜、废弃农药瓶等不做任何处理就弃于田间地头；生活垃圾随处倾倒等污染现象十分普遍。

四、连队生态环境污染的防治对策

党的十八大报告提出了"让人民过上更好生活"，引起了强烈的社会共鸣，但如果没

有干净的水、清洁的空气，居住的地方垃圾成堆甚至还要受到因污染致病的威胁，即使生活再好也不会有幸福。建设以"清洁水源、清洁家园、清洁田园"为主要标志的连队新环境，已成为当前的首要任务，解决连队生态环境污染问题已成为当务之急。

（一）抓规划，全面推进连队生态建设

以开展"全国环境优美乡镇"、"文明生态连队"创建等活动为抓手，认真实施《连队环境综合整治规划》，大力开展"环境综合整治"活动。把综合整治与团场连队经济社会发展有机结合起来，积极开展《兵团生态保护远景规划》等一批生态规划的编制和实施，引导和推动一批具有较好社会基础、较强经济实力、生态环境良好的连队率先达到新型连队建设的环保要求，有效改善连队环境面貌。

（二）抓投入，加大资金和政策支持力度

在农村环境整治方面，国家已经出台了一些利好政策，加大了资金投入力度，通过"以奖促治"、"以奖代补"政策重点支持农村饮用水水源地保护、生活污水和垃圾处理、畜禽养殖污染、农业面源污染和土壤污染防治等整治措施。这项工作还需要兵、师、团各级政策和经费支持，在积极争取中央专项资金的同时，积极拓展融资渠道。

（三）抓管理，加快推进连队污染防治

要因地制宜地开展连队污水、垃圾污染治理，北疆地区的小城镇和规模较大的连队应建设污水处理设施，周边连队的污水可纳入收集管网；大力推广"户分类、连收集、团运输、团（镇、市）处理"的垃圾处理方式，提高无害化处理水平；南疆地区居住较分散、经济条件较差连队的生活污水，大力推广运用"三改一池"户用沼气等技术。同时，在全兵团范围内推广无害化卫生公厕；推行秸秆机械化还田、秸秆气化；对规模化畜禽养殖场进行治污改造等。

（四）抓宣教，提高保护连队生态环境的意识

围绕每年的"6•5"世界环境日，充分运用电视、报刊、网络等媒体，开展多层次、多形式的舆论宣传和科普教育，进一步提高广大职工群众的环保意识，引导他们形成良好的环境卫生和符合环保要求的生活消费习惯。广泛发动党政机关、企事业单位和社会各界，积极开展连企共建、党政机关挂钩等活动，帮助连队推进生态环境保护，努力营造全社会关心、支持、参与生态环境保护的浓厚氛围。

天蓝、地绿、水净是广大兵团职工群众的共同理想，加强连队生态环境保护作为兵团环境保护工作的一项基础性工作，任重道远，需要我们继续站在全面建设小康社会、履行维稳戍边历史使命、改善民生的高度，把加强连队生态文明建设放在突出地位，争做建设美丽兵团的引领者和实践者，努力开创兵团生态文明建设新局面。